微生物与环境的互作及新技术研究

王 芬 李利红 著

吉林科学技术出版社

图书在版编目(CIP)数据

微生物与环境的互作及新技术研究 / 王芬，李利红著. --长春：吉林科学技术出版社，2020.10
ISBN 978-7-5578-7787-3

Ⅰ.①微… Ⅱ.①王… ②李… Ⅲ.①环境微生物学 Ⅳ.①X172

中国版本图书馆 CIP 数据核字(2020)第 199645 号

WEISHENGWU YU HUANJING DE HUZUO JI XINJISHU YANJIU
微生物与环境的互作及新技术研究

著	王 芬 李利红
出 版 人	李 梁
责任编辑	端金香
封面设计	崔 蕾
制 版	北京亚吉飞数码科技有限公司
开 本	710mm×1000mm 1/16
字 数	233 千字
印 张	13
印 数	1—5 000 册
版 次	2021 年 8 月第 1 版
印 次	2021 年 8 月第 1 次印刷
出 版	吉林科学技术出版社
发 行	吉林科学技术出版社
地 址	长春市人民大街 4646 号
邮 编	130021

发行部传真/电话　0431－85635176　85651759　85635177
　　　　　　　　　85651628　85652585

储运部电话　0431－86059116
编辑部电话　0431－85635186

网 址	http://www.jlsycbs.net
印 刷	北京亚吉飞数码科技有限公司
书 号	ISBN 978-7-5578-7787-3
定 价	75.00 元

如有印装质量问题　可寄出版社调换
版权所有　翻印必究　举报电话：0431－85635186

前　言

随着人口的增长和各种新兴工业的飞速发展，进入环境的污染物种类和数量越来越多，全球正面临着越来越突出的环境污染问题。当代人类的发展应考虑到不危及后代人的需求和发展，所以，"可持续发展理论"广为世界各国所接受和重视。我国人口基数大、人均资源少、环境问题多，在经济和科技相对落后的条件下，虽然实现了经济快速发展，但从长远来看，要使国民经济和社会长期保持稳定健康发展，必须实行可持续发展战略。

微生物在自然界生态系统中占有特殊地位，发挥着极其重要的作用。其发挥作用的地方十分广泛，包括物质转化分解、循环和能量代谢流动等，尤其是环境中有机和无机污染物的降解等方面。微生物在维持自身繁殖生长的同时，也维持了自然生态系统的相对平衡，帮助人类"清洁"环境。利用微生物控制环境污染，处理生产与生活中的污染物，使资源得到再生是保证人类社会可持续发展的重要手段。

随着社会的进步，微生物与环境的互作越来越受到人们的重视。许多有识之士认为，未来的世纪是人类向大自然偿还生态债的世纪，是修复地球的世纪，其中微生物学工作者的作用至关重要。这是因为微生物是占地球表面积70%以上的海洋和其他水体中光合生产力的基础，是一切食物链的重要环节，是自然界重要元素循环的首要推动者，更是废水生物处理等各项环境治理中的工作主体。

如今，人类对微生物的认识研究不断深入，环境微生物学的重要性和优越性日益凸现。本书是在吸取环境微生物学和微生物在环境领域的最新应用研究成果基础之上撰写而成的。

全书共8章。第1章为引言，介绍微生物在生态环境中的作用、环境微生物学的研究对象和任务；第2章为微生物的生理特性分析，包括微生物的营养、代谢、生长、遗传变异；第3章探究环境中的微生物及其在物质循环中的作用；第4章为微生物对环境的污染与危害，包括水体富营养化、微生物代谢物对环境的污染、病原微生物；第5章为微生物对污染物的降解与转化，讨论了微生物对有机污染物的降解、对重金属的转化，以及微生物降解动力学；第6章研究微生物在环境污染治理中的应用，包括微生物对水体、固体废物和大气的污染治理；第7章为环境污染的微生物监测及其发展,引入了环境污染微生物监测的常用技术以及微生物监测技术的新发展;第8章为微生物新技术在环境科学领域中的应用,包括固定化技术、废物资源化技术、PCR技术、基因工程技术、微生物絮凝剂。

本专著贯彻"更新、精简、实用"的原则,吸取微生物与环境的互作研究的一些理论新认识,力求准确反映新技术的变化。全书内容全面、深入浅出、简明易懂,有一定的深度和广度。在介绍微生物与环境的互作知识的同时,重点描述了环境微生物的检测技术和环境微生物在日常生活生产中的研究及应用,旨在提供前沿的环境微生物应用技术,展示环境微生物学的发展动态。本书既可以满足初学者使用,也可以供有一定微生物学知识的非工程技术人员参考。希望本书可以为环境工程、市政工程、环境监测和环境科学等专业人员,以及从事环境保护的科技人员提供一定的帮助。

本书由王芬、李利红共同撰写,具体分工如下:

第1章～第4章、第7章:王芬(山西运城农业职业技术学院),共计11.536万字;

第5章、第6章、第8章:李利红(吕梁学院),共计10.528万字。

本书在撰写过程中,参考了大量同行专家的著作和网络相关资料,在此对相关内容的作者表示衷心的感谢! 由于作者个人水平有限,时间仓促,书中难免有疏漏之处,敬请广大读者在使用本书的过程中,将发现的问题告知我们,以便进一步修正完善。

作者
2020年5月

目 录

第1章 引言 …………………………………………………………… 1
　1.1 微生物在生态环境中的作用 ………………………………… 1
　1.2 环境微生物学的研究对象和任务 …………………………… 4

第2章 微生物的生理特性分析 …………………………………… 6
　2.1 微生物的营养 ………………………………………………… 6
　2.2 微生物的代谢 ………………………………………………… 15
　2.3 微生物的生长 ………………………………………………… 26
　2.4 微生物的遗传变异 …………………………………………… 30

第3章 环境中的微生物及其在物质循环中的作用 ……………… 38
　3.1 环境中的微生物 ……………………………………………… 38
　3.2 微生物在物质循环中的作用 ………………………………… 54

第4章 微生物对环境的污染与危害 ……………………………… 67
　4.1 水体富营养化 ………………………………………………… 67
　4.2 微生物代谢物对环境的污染 ………………………………… 71
　4.3 病原微生物 …………………………………………………… 84

第5章 微生物对污染物的降解与转化 …………………………… 90
　5.1 微生物对有机污染物的降解 ………………………………… 91
　5.2 微生物对重金属的转化 ……………………………………… 118
　5.3 微生物降解动力学 …………………………………………… 125

第6章 微生物在环境污染治理中的应用 ………………………… 127
　6.1 微生物在水污染治理中的应用 ……………………………… 127
　6.2 微生物在固体废物处理中的应用 …………………………… 148
　6.3 微生物在大气污染治理中的应用 …………………………… 158

第 7 章　环境污染的微生物监测及其发展 …………… 166
　　7.1　环境监测概述 …………………………………… 166
　　7.2　环境污染微生物监测的常用技术 ……………… 168
　　7.3　微生物监测技术的新发展 ……………………… 176
第 8 章　微生物新技术在环境科学领域中的应用 …… 180
　　8.1　固定化技术 ……………………………………… 180
　　8.2　废物资源化技术 ………………………………… 184
　　8.3　PCR 技术 ………………………………………… 187
　　8.4　基因工程技术 …………………………………… 191
　　8.5　微生物絮凝剂 …………………………………… 192

参考文献 ………………………………………………… 198

第1章 引 言

随着人类生活水平的不断提高,尤其是随着各种新兴工业的兴起与发展,人类所理想的蓝天白云、青山绿水、鸟语花香的生活环境正在被一步步地破坏。工业革命在推动经济发展、改善人类生活的同时,也造成了严重的环境污染。微生物是地球上功能最多和适应能力最强的生命形式,已经在地球上存在了35亿年,具有惊人的代谢能力和多样性,它们在地球表面物质循环过程中起着重要作用,生物和地球化学过程产生的大量有机化合物几乎都可以作为微生物的能源物质或细胞组成成分而被利用。即使是新合成的用于工业或农业的化学合成有机物,其中一些也能够被微生物降解。因此在环境的自净机制、污染的治理工程、环境的修复过程中都涉及微生物的作用。

1.1 微生物在生态环境中的作用

微生物是生态环境的重要成员,在生态系统的结构组成和功能表达中起重要作用。

1.1.1 微生物是生态系统中的初级生产者

生物群落中的生产者(producer)主要指能利用光能将CO_2、无机盐、水等简单无机物制造成复杂有机物的自养生物。

微生物中的光能及化能自养微生物是生态系统中的初级生产者,包括真核微型藻类、蓝细菌、红螺菌、着色菌、绿菌等光合细菌及硝化细菌、硫细菌、铁细菌等化能自养菌。这些微生物具有初级生产者所具有的两个明显特征,即一方面可直接利用太阳能、无机物的化学能作为能量来源,另一方面其积累下来的能量又可以在食物链、食物网中流动。

具有初级生产者能力的微生物主要有3个类群。

(1)微型藻类。微型藻类包括原核藻类(蓝细菌、原绿菌目)及真核藻类。大多数藻类是专性光能自养型,利用光能作能源,利用无机碳化合物作碳源,以水作为电子供体进行放氧的光合作用;一些藻类能够选择 H_2 和 H_2S 为电子供体进行不释放氧的光合作用;也有一些藻类在光照条件下能同化简单的有机化合物,并能把它们变成原生质物质,但以有机物作为唯一能源时它们不能生长。

(2)光合细菌。光合细菌利用光作能源,以 CO_2 作碳源,大多利用 H_2S 作还原剂(电子供体)进行光能自养生长,有些是以有机化合物作碳源,进行光能异养生长。它们的生活环境一般是厌氧的,光合细菌主要包括紫色光合细菌、绿色光合细菌及其他光合细菌,光合细菌中大多为不产氧光合作用,但有的能进行产氧光合作用。

紫色光合细菌:专性光能利用菌,光合性还原剂是 H_2S、S^0、硫代硫酸盐、H_2;专性厌氧,色素体系是细菌叶绿素 a 或 d,细菌显紫色。

绿色光合细菌:专性光能利用菌,光合性还原剂是 H_2S、S^0、硫代硫酸盐、H_2;专性厌氧;色素体系是细菌叶绿素 c 或 d,细菌显绿色。

(3)化能自养细菌。化能自养细菌从无机物氧化中取得能量同化 CO_2,主要包括硫氧化菌、铁锰氧化菌、硝化细菌、甲烷氧化细菌、氢细菌。

①硫氧化菌。它们能氧化元素硫、硫化物、硫化硫酸盐以获得能量,主要是硫杆菌属和硫化叶菌属,广泛分布于水体和土壤中。

硫细菌中的硫杆菌能够氧化硫化氢、黄铁矿、元素硫等形成硫酸,氧化过程中释放的能量被用于同化二氧化碳,合成有机物。反应式如下:

$$2H_2S + O_2 \longrightarrow 2H_2O + 2S + 能量$$

$$2FeS_2 + 7O_2 + 2H_2O \longrightarrow 2FeSO_4 + 2H_2SO_4 + 能量$$

$$2S + 3O_2 + 2H_2O \longrightarrow 2H_2SO_4 + 能量$$

$$CO_2 + H_2O \xrightarrow{能量} [CH_2O] + O_2$$

②铁、锰氧化菌。它们通过氧化二价铁和二价锰取得能量,但氧化所取得的能量很少,主要是氧化亚铁硫杆菌。

③硝化(作用)细菌。它们靠氧化氮的无机物取得能量,包括把铵氧化成亚硝酸的亚硝化菌和把亚硝酸氧化成硝酸的硝化菌。

亚硝化细菌和硝化细菌能够将 NH_3 氧化成亚硝酸和硝酸,并放出能量,反硝化细菌则将硝酸盐还原为氮气,同时放出能量,亚硝化细菌、硝化细菌、反硝化细菌再利用放出的能量,以二氧化碳为碳源,合成有机物。反应式如下:

$$2NH_3 + 3O_2 \xrightarrow{亚硝化细菌} 2HNO_2 + 2H_2O$$

$$2HNO_2 + O_2 \xrightarrow{硝化细菌} 2HNO_3$$

$$6HNO_3 + 5S + 2CaCO_3 \xrightarrow{反硝化细菌} 3K_2SO_4 + 2CaSO_4 + 2CO_2 + 3N_2$$

$$CO_2 + 4[H] \xrightarrow{能量} [CH_2O] + H_2O$$

④甲烷氧化菌。它们以氧化甲烷作为生长的能源,同时也能氧化其他的有机碳化物。

⑤氢细菌。它们从 H_2 的氧化中取得能量。

从能固定太阳能、化学能的微生物初级生产者开始的食物链和从直接固定太阳能的绿色植物开始的食物链一样都属于捕食食物链。微生物在另一类型的食物链即从分解动植物尸体或粪便中有机物颗粒开始的碎屑食物链中更显重要作用。异养微生物在分解动植物残体过程中也同化利用有机物产生大量的微生物生物量,这部分微生物可以成为碎屑食物链的始端。在水体中可以形成和前述光合细菌为起点的类似的食物链。这里的异养微生物实际上也可以看成与光能、化能微生物具同等地位的初级生产者。

1.1.2 微生物是有机物的主要分解者

生物群落中的分解者(decomposer)是指能分解动植物遗体、排泄物和人类活动所产生的各种有机物的生物总和。分解者主要是细菌和真菌、放线菌以及土壤原生动物和一些土壤小型无脊椎动物,它们营腐生生活。

微生物主要作为生物圈中的分解者而存在,其最大的价值也在于其分解功能。这类微生物称为异养微生物。它们分解生物圈内存在的动物和植物残体等复杂有机物质,并最后将其转变成最简单的无机物,并把养分从有机物中释放出来,返回到无机环境中去,再供初级者使用。我们可以设想,如果地球上没有异养微生物的分解作用,则历年累积下来的生物残体将会堆积成灾,同时也会由于无机物供应的缺乏,使初级生产者无法继续合成有机物质,最终导致生态系统平衡的破坏。

1.1.3 微生物是物质循环中的重要成员

自然环境中除了人烟稀少、无工业的地区还保留着纯净的天然性状(糖类、蛋白质、脂肪)外,一般都或多或少地受到废物或毒物的污染,已经很难找到不带有人为影响的完全的自然过程。所以,物质循环包括天然物质和污染物质的循环。促使物质循环的有物理作用、化学作用和生物作用,其中生物作用占主导,微生物在生物作用中占极重要的地位。

微生物可以参与所有的物质循环,几乎所有的元素及其化合物都受到微生物的作用。微生物在物质循环中的关键作用、主要作用和独特作用尤其值得注意。微生物作为生态系统的主要分解者,它们的分解作用实际上是物质循环中的最关键过程,起关键作用。在一些元素的循环中微生物是主要的成员,起主要作用。而在一些过程中,只有微生物才能进行,起独特作用。

1.1.4 微生物是物质和能量的储存者

微生物和动物、植物一样也是生命有机体,是由物质组成和能量维持的生命有机体。在土壤、水体中有大量的微生物生物量,储存着大量的物质和能量。在农业土壤中微生物的 C、N 含量达到总量的 5%、15%,固定在微生物生物量中的 N、P、K 和 Ca 大约是每公顷 100 kg、80 kg、70 kg 和 10 kg。

1.1.5 微生物是地球生物演化中的先锋种类

微生物是最早出现的生物体,由微生物分化而进化成后来出现的动、植物。蓝细菌的产氧作用及其他细菌的固 N 作用改变了大气圈中的化学组成,提供可利用 N 源,并为后来的动、植物的出现打下基础。

微生物不仅在能形成生命物质的元素的循环中起到重要作用,而且在很多不能形成生命物质的元素,甚至具有强烈生物毒性的某些元素价态与其他元素的结合形式的转化中也起着重要的作用。

微生物在生态系统中的作用是微生物的总体表现,微生物在任何区域或微观环境中的代谢功能是整体功能的一个组成部分。利用微生物消除污染,保护环境实际上是对微生物的生态功能的具体应用。

1.2 环境微生物学的研究对象和任务

1.2.1 环境微生物学的研究对象

人类生存环境,主要包括大气、土壤、地面水、地下水、饮用水及食品等各种直接或间接影响人类生活和发展的自然环境因素。环境微生物学的研究对象是人类生存环境中的微生物。自然界有着丰富的微生物资源,它种类的多样性,使其在自然界物质循环和转化中起着巨大的生物降解作用,是整个生物圈维持生态平衡不可缺少的、重要的组成部分。

对人类而言,大多数微生物是有益的。有益微生物被人类广泛应用,如用于酿酒;用于制作酱、醋和发面;用于发酵工业生产乙醇、丙酮、各种有机酸、氨基酸(谷氨酸和赖氨酸等)及抗生素;用于纺织退浆、制革脱毛、洗涤剂、医药、印染等方面;用于石油发酵(如微生物脱蜡和脱硫);用作农肥(如固氮菌肥,磷、钾细菌肥料等);用于植物害虫生物防治(苏云金杆菌杀虫剂等)及矿业(探油、回收重金属和稀有金属)。同时,一些病原微生物也会对人类的生产、生活造成不利影响。例如,细菌、病毒、霉菌、变形虫的某些种能引起人类的各种疾病,包括肠道病、伤风、感冒等;还有的微生物能引起作物病害及动物疾病等。

环境微生物学着重研究微生物活动对人类环境所产生的有益与有害影响,并阐明微生物、污染物与环境三者间的相互关系与作用规律,研究防治环境污染、改善与提高环境质量的微生物学原理、途径、技术与方法,其最终为保护环境、造福人类服务。

1.2.2 环境微生物学的研究任务

环境微生物学的研究任务可以概括为如下几点:

第一,研究不同自然环境中微生物的种群、组成、种类和数量,研究微生物的作用和功能,特别是在环境物质循环及能量流动中的活动特征与作用规律等。

第二,研究微生物处理污染物的原理和方法。在废水、固体废弃物和废气的处理过程中,生物处理法与物理法、化学法相比,具有经济、高效的优点,更重要的是可达到无害化。

第三,研究极端环境微生物资源的开发。这些极端环境生活的微生物有:专性厌氧的产甲烷菌、极端嗜热菌、极端嗜酸菌、极端嗜碱菌和极端嗜盐菌等。经过研究,现在知道它们是古菌,是一类可供研究生命起源很好的材料。

第四,研究微生物对于环境的污染与破坏。

第五,研究环境监测中的微生物学技术与方法。

第2章 微生物的生理特性分析

微生物为了维持正常的生长和繁殖,需要不断地从外界吸收营养。在自然界中,大量的废物就是微生物的营养物质。新陈代谢是细胞内发生的各种化学反应的总称,掌握微生物代谢的途径、规律和特点,对其有效降解和转化自然界中污染物非常重要。微生物的生长繁殖是其在内外各种环境因素相互作用下的综合反应。遗传可以使微生物的性状保持相对稳定,而且能够代代相传,使它的种属得以保存。变异对于微生物来说,它能使微生物产生新的变种,变种的新特性靠遗传得以巩固,并使物种得以发展和进化。因此生物的遗传和变异是密切相关的,是缺一不可的。

2.1 微生物的营养

不同的生物体,分子组成大体相同。生物体都是由水分和干物质组成。水分平均为80%左右,其余20%左右为干物质,包括蛋白质、核酸、脂类、糖和无机盐等。它们不仅是微生物细胞的重要组成部分,而且在细胞物质的传递、细胞的新陈代谢以及遗传等方面起着不可替代的重要作用。

2.1.1 微生物的营养要素及作用

微生物的营养物质应满足微生物的生长、繁殖和完成各种生理活动的需要。它们的作用可概括为形成结构(参与细胞组成)和提供能量。

2.1.1.1 能源

能源是指能为微生物生命活动提供最初能量来源的营养物质和辐射能。微生物的能源谱分为2类:光能和化学能。少数微生物可以利用光能,绝大多数微生物需要利用物质氧化释放的化学能。

在能源中,有些营养要素只有一种功能,有些营养要素则具有多种功能。如光能仅提供能量,称为单功能营养物质;NH_4^+是硝酸细菌的氮源和能源物质,称为双功能营养物质;蛋白质、氨基酸等同时具有碳源、氮源和能源的功能,称为三功能营养物质。

2.1.1.2 碳源

在微生物生长过程中,能为微生物提供碳素来源的物质称为碳源。碳源不仅用于合成微生物的含碳物质及合成细胞骨架,还可为微生物生长繁殖提供能量。

微生物可利用的碳源范围被称作碳源谱(spectrum of carbon source)。微生物的碳源谱极其广泛,主要包括无机碳源和有机碳源。当一些简单碳源和复杂碳源共存时,微生物一般是先利用简单碳源,只有在简单碳源完全耗尽后,才能开始利用复杂碳源。

微生物种类不同,利用碳源的能力也不同。能利用无机碳源的微生物种类较少,多数微生物吸收和利用有机碳源。有些微生物能利用的碳源种类较多,适应环境的能力强,如假单胞菌属中的某些细菌可以利用90种以上的不同类型碳源;有些微生物仅能利用少数的几种类型碳源,如有些酵母菌仅能利用少数的几种糖类作为碳源;而甲烷菌只能利用甲烷作为它的碳源进行生长繁殖。还有些特殊种类微生物由于其细胞内独特的酶使它们具有特异的分解和利用某些特殊碳源的能力,如有些微生物可以在石蜡或人工塑料上生长,有些类型甚至能分解和利用有毒的含碳化合物、氰化物和酚类,这些微生物已经广泛应用于垃圾及污水处理等环保领域。综上所述,可以依据微生物利用碳源的类型和能力的差异来对其进行分类鉴定。

2.1.1.3 氮源

氮素是构成微生物细胞内蛋白质、酶类、核酸和其他含氮化合物的重要元素,用于氨基酸、嘌呤、嘧啶和维生素的合成。氮源物质不能为微生物菌体的代谢提供能量,不能作为能源。

微生物可利用的氮源范围称作氮源谱(spectrum of nitrogen source)。微生物的氮源谱也十分广泛。氮源可分为无机氮源和有机氮源两大类。无机氮源是一些无机含氮化合物,主要有铵盐、硝酸盐、NH_3及N_2等;有机氮源主要是动物或植物蛋白及其不同程度的降解产物,也称为蛋白质类氮源,如鱼粉、黄豆饼粉、花生饼粉、牛肉膏、蛋白胨、玉米浆等。对于大多数微生物来说,无机氮源和有机氮源都可以作为生长的氮源。细菌可以利用铵盐、硝酸盐作为氮源,放线菌、霉菌可利用硝酸盐作为氮源,而牛肉膏、蛋白胨等有机氮源中由于含有多种营养因子,故可作为多数微生物的氮源物质。

在微生物的发酵生产中,必须在培养基中添加一定比例的速效氮源和迟效氮源。在实际生产中,可以通过控制速效氮源和迟效氮源的加入量及加入时间来调整微生物的生长期和代谢产物合成期,达到提高发酵单位的目的。

除上述类型氮源外,个别种类的微生物能够吸收并利用环境中的游离氮气作为氮源,这些微生物被称为固氮微生物。

2.1.1.4 其他

此外,无机盐、生长因子等也是微生物生长不可或缺的营养物质。

2.1.2 微生物的营养类型

2.1.2.1 光能自养型

光能自养型的微生物在生长繁殖过程中不需要有机物,能以 CO_2 作为惟一碳源或主要碳源,利用光能作为能源,以 H_2O、H_2S、硫代硫酸钠作为供氢体同化 CO_2 为细胞物质。

根据供氢体的不同又可分为 2 类:一类是各种光合细菌如红硫细菌和绿硫细菌以 H_2S 作为供氢体,依靠叶绿素或细菌叶绿素,利用光能进行循环光合磷酸化,所产生的 ATP 和还原力用于同化 CO_2,这种光合作用是不产氧的光合作用;另一类是蓝细菌和绿色藻类则以 H_2O 作为供氢体,依靠叶绿素,利用光能同化 CO_2 进行非循环光合磷酸化的产氧光合作用。

常见的有光合细菌、红硫菌等微生物。光合细菌可以用于环境工程,进行废水处理,其处理工艺(PSB法)是自然界微生物生态演替净化污水过程的典型体现,其一般工艺流程如图 2-1 所示。

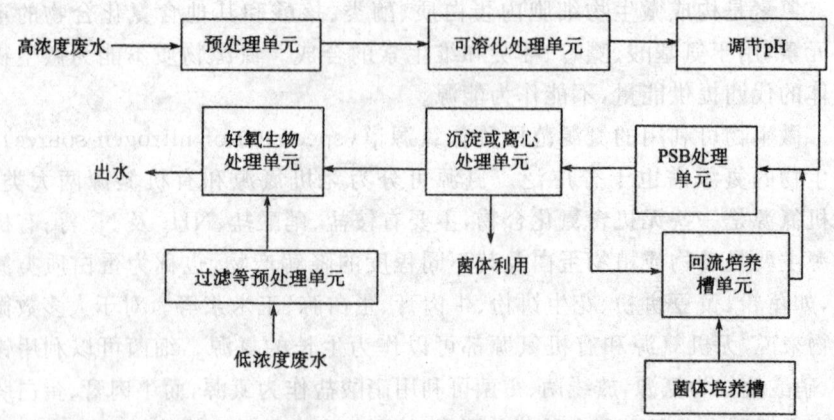

图 2-1 光合细菌处理高浓度有机废水流程示意图

2.1.2.2 化能自养型

化能自养型的微生物不具光合色素,不进行光合作用,能利用无机营养物氧化分解释放的能量,以 CO_2 或碳酸盐作为主要碳源或惟一碳源合成有机物,以构成细胞物质,进行生长。

用作产生能源的无机物有 NH_3、NO_2^-、Fe^{2+}、H_2S、S、$S_2O_3^{2-}$ 及 H_2 等,一般通式为:

$$H_2S + 2O_2 \longrightarrow SO_4^{2-} + 2H^+$$

$$S + H_2O + \frac{3}{2}O_2 \longrightarrow SO_4^{2-} + 2H^+$$

$$S_2O_3^{2-} + H_2O + 2O_2 \longrightarrow 2SO_4^{2-} + 2H^+$$

绝大多数化能自养菌是好氧菌,常见的化能自养菌有硝化细菌、硫化细菌、氢细菌与铁细菌等。

2.1.2.3 光能异养型

光能异养型的微生物以光为能源,以有机物为供氢体,还原 CO_2 合成有机物。其光合作用举例如下式:

$$2\ CH_3CHOHCH_3 + CO_2 \xrightarrow[\text{光合色素}]{\text{光能}} 2CH_3COCH_3 + [CH_2O] + H_2O$$

这类细菌又称有机光合细菌,如红螺菌(*Rhodos pirillum rubrum*)可利用简单的有机物异丙醇作为供氢体。这类微生物进行的也是循环光合磷酸化和不产氧的光合作用。

2.1.2.4 化能异养型

化能异养型微生物的碳源、能源和供氢体都是有机物。利用有机物氧化分解释放的能量进行生命活动,目前已知的微生物大多数属于这种营养类型。化能异养微生物广泛存在于自然界,无论有氧无氧,酸性碱性,高温低温等各种生态条件下只要有有机质存在,均见它们的踪迹。它们在自然界物质循环中的作用至关重要,与人类关系极其密切。

2.1.3 微生物对营养物质的吸收及利用

营养物质通过扩散进入细胞。所谓扩散,是指分子或离子向浓度较低处自由运动。物质扩散方向取决于其本身浓度梯度,与其他物质无关。每种物质扩散是独立的,与其他物质是否存在无关。当没有浓度梯度时,任何方向的净移动均为零。

2.1.3.1 单纯扩散

单纯扩散又称为自由扩散,是一种小分子物质、非电离分子物质依靠分子不规则运动通过细胞膜中的小孔进入细胞的运动过程。

单纯扩散是被动的运输过程,营养物质透过细胞质膜的速度慢。运输的物质主要是一些小分子的物质,如水、一些气体(O_2、CO_2)、有些无机离子及脂溶性的小分子物质(甘油、乙醇等)。

由于渗透作用(即小分子物质如水分子通过半透膜,由低浓度溶液向高浓度溶液扩散的现象。由此引起的半透膜两边的压差称为渗透压),简单扩散在不同渗透压溶液中引起的物质转移结果不同。

如图 2-2 所示,在等渗溶液中,由于细胞内外渗透压相同,细胞能够维持正常的生命活动。在高渗溶液中,由于渗透压的存在,细胞内的水分子不断通过细胞质膜向外界扩散,导致动物和微生物细胞的皱缩,在植物细胞内则会发生质壁分离。反之,在高渗溶液中,由于外界水分不断通过细胞质膜向细胞内扩散,会导致细胞不断膨胀以至于涨破。因此,为保持细胞正常的生命活动,应维持外界溶液在合适的渗透压范围内。

图 2-2 不同溶液环境下的简单扩散(渗透作用)

2.1.3.2 主动运输

主动运输是营养物质逆浓度梯度移动且消耗能量的运输方式。主动运输有3种不同的运输机制：单向运输、同向运输和反向运输。如图2-3所示。

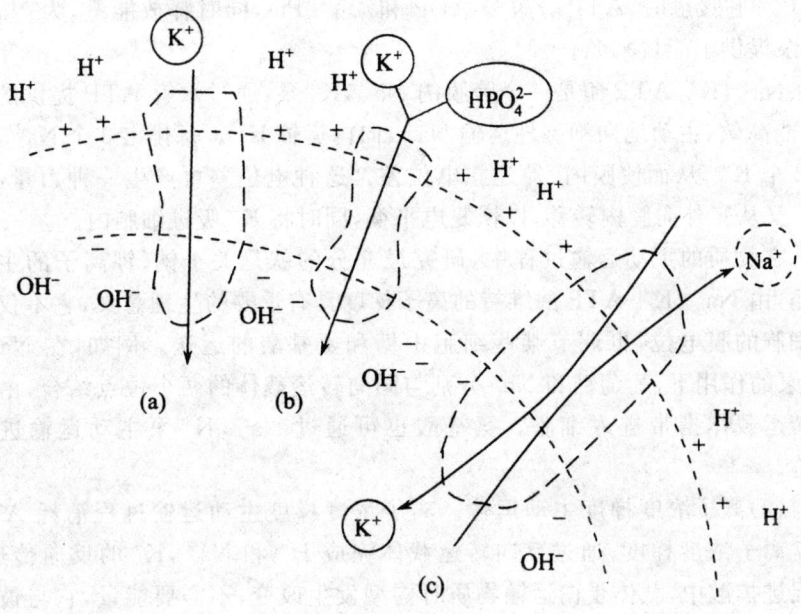

图 2-3 主动运输

单向运输是一种通过载体使带电荷或不带电荷的底物进入细胞的运输方式，如底物不带电荷时的运载即与促进扩散相似；同向运输是指两种底物通过同一载体按同一个方向运输的方式，如大肠杆菌变异株中质子与丙氨酸的协同输入；反向运输是指两种底物通过同一载体以相反方向同时移动，阳离子及非电荷物质由胞内排出，如摄取质子而自胞内排出代谢产物等。

不同的细菌所具备的运载系统和方式有所区别。主动运输的渗透酶有3种：单向转运载体、协同转运载体和反向转运载体。

（1）钠钾泵（Na^+，K^+泵）主动运输。有一种酶，除了Mg^{2+}外，还必须在Na^+和K^+同时存在时才可以水解ATP，因此即为Na^+，K^+-ATP酶：

$$ATP \xrightarrow{Na^+,K^+,Mg^{2+}} ADP+Pi$$

Na^+，K^+进入细胞的方式除促进扩散外，主要是主动运输。几乎所有的活细胞都保持较高的钾含量和较低的钠含量。一般将能使离子逆浓度梯度而运输的载体称为泵(pump),有各种特异地运输某一种离子的泵,如钠钾泵(Na^+,K^+泵)等。机体通过膜上泵的作用以调节细胞内外电解质的动态平衡。目前,从各方面的资料证明,泵实质上就是ATP酶。膜中的ATP酶有数种,转运Na^+,K^+的为Na^+,K^+-ATP酶,即所谓的钠钾泵。它必须在Na^+,K^+,Mg^{2+}同时存在时(有些需要Ca^{2+}),才具有活性。当ATP和它接触时,ATP分解为ADP和磷酸(Pi),同时释放能量,为Na^+,K^+泵提供了能量来源。

Na^+,K^+-ATP酶是一个跨膜的Na^+,K^+泵,通过水解ATP提供的能量,能高效、主动地向细胞外运输Na^+,向内运输K^+。每排出3个Na^+,吸进2个K^+,从而使膜内、外建立电位差。这种电位差可产生一种力量,使Na^+又从膜外向膜内转移,以恢复电平衡,同时将K^+吸进细胞内。

在物质的主动运输过程中,研究最充分的就是关于钠、钾离子的主动运输,由Na^+,K^+-ATP酶维持的离子梯度具有重要的生理意义,它不仅维持细胞的膜电位,也调节某些细胞中糖和氨基酸的运送。例如,在Na^+,K^+泵的作用下,葡萄糖和Na^+分别与同向转运载体的两个位点结合,由同向转运载体携带进入细胞。氨基酸也可通过Na^+,K^+泵主动运输进入细胞。

(2)离子浓度梯度主动运输。离子浓度梯度主动运输过程消耗ATP建立离子浓度梯度,通过反向转运载体完成H^+和Na^+,K^+的反向传递。在促进扩散中,载体蛋白运输物质时构型发生改变,不需要能量,它与被运输物质之间通过相互作用而完成。但在主动运输中,载体分子构型变化是一个耗能过程,能量的供应是通过偶联过程来完成的。ATP不断被Na^+,K^+泵所分解,磷酸快速被结合与释放,酶的构型则随其与带高能的磷酸根结合而起变化,ATP酶各亚基单位的构型也随之发生变化,同时它们与Na^+,K^+的亲和力发生改变。由此将Na^+移至细胞外,而将K^+移至细胞内。

(3)H^+浓度梯度主动运输。H^+浓度梯度主动运输过程是好氧微生物吸收营养的重要方式。在膜呼吸或在ATP作用下,好氧微生物将体内大量的H^+排到细胞外,使膜内、外形成的pH相差2(膜内pH为7.0,膜外pH为5~5.5)的H^+浓度差或-150 mV的电位差。在这一电位差作用下,K^+等阳离子由单向转运载体携带进入细胞。阴性离子与H^+一起由同向转运载体携带进入细胞。中性的糖类和氨基酸也可由H^+浓度梯度驱动进入细胞。

H^+浓度梯度主动运输过程及作用,如图2-4和图2-5所示。首先,细菌体内的ATP酶水解ATP产生H^+,或通过微生物的呼吸作用将营养物

质氧化分解产生 H^+。H^+ 被排到细胞质膜外表面,产生的电子在细胞质膜内传给氧并与 H^+ 形成 OH^-。这样,在细胞质膜的两侧建立了 H^+ 浓度梯度,H^+ 作为偶合离子和营养物质偶合。渗透酶(膜载体)对它的底物(如半乳糖或硫酸盐)和偶合离子 H^+ 都有特异性的位点。H^+ 浓度作为渗透酶和代谢机构之间的链环,利用电位差将细胞外低浓度的营养物质送到细胞内。

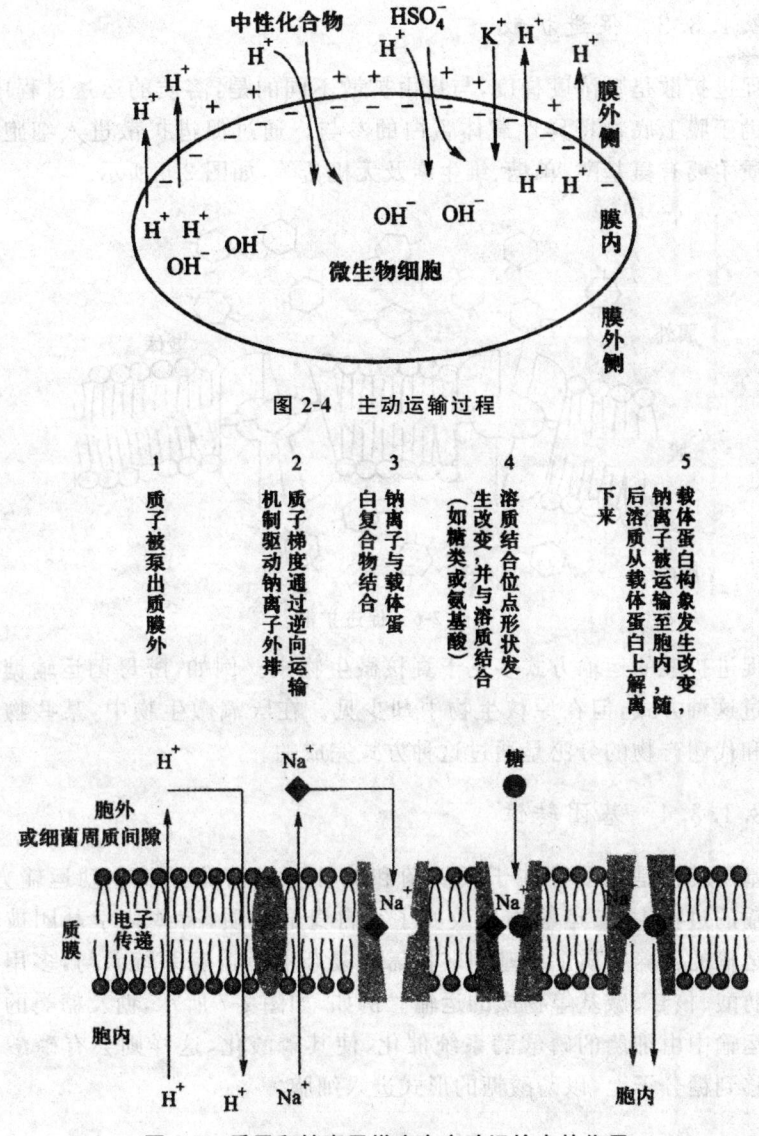

图 2-4 主动运输过程

1 质子被泵出质膜外
2 质子梯度通过逆向运输机制驱动钠离子外排
3 钠离子与载体蛋白复合物结合
4 溶质结合位点形状发生改变,并与溶质结合(如糖类或氨基酸)
5 载体蛋白构象发生改变,钠离子被运输后溶质从载体蛋白上解离下来

图 2-5 质子和钠离子梯度在主动运输中的作用

摘自:沈萍,等,译. 微生物学. 2003:104

在革兰氏阴性菌的细胞间质中还含有各种参与运输的特异性结合蛋白,它们不具有催化特性,因而不是酶。其功能或许是初期参与运输营养物质。它们先与营养物(如糖类、氨基酸,无机离子 K^+、Na^+)特异性结合,并带到渗透酶上,然后,渗透酶再将营养物携带入细胞内。

通过主动运输进入细胞的有氨基酸、糖类、无机离子(K^+、Na^+、硫酸盐、磷酸盐)及有机酸等。

2.1.3.3 促进扩散

促进扩散是顺浓度梯度,与自由扩散不同的是,溶质的运送过程中,必须借助于膜上底物特异性载体蛋白的参与。通过促进扩散进入细胞的营养物质主要有氨基酸、单糖、维生素及无机盐等,如图 2-6 所示。

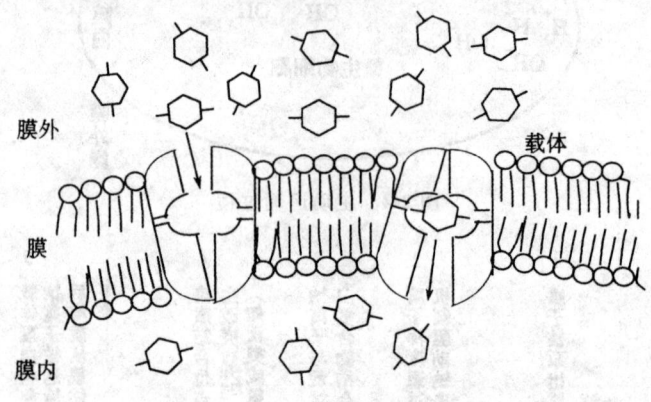

图 2-6 促进扩散

促进扩散的运输方式多见于真核微生物中。例如,酵母菌运输糖类就是通过这种方式,但在原核生物中却少见。在厌氧微生物中,某些物质的吸收和代谢产物的分泌是通过这种方式完成的。

2.1.3.4 基团转位

基团转位是主要存在于厌氧菌和兼性厌氧菌的一种主动运输方式。在运输的过程中,被运输物质改变了其自身的性质,有些化学基团被转移到被运输的营养物质上。基团转位需要复杂的运输酶系统参与,多用于糖及脂肪酸、核苷、碱基等物质的运输。例如,如图 2-7 所示,糖及糖类的衍生物在运输中由细菌的磷酸酶系统催化,使其磷酸化,这样则会有磷酸基团被转移到糖分子上,以磷酸糖的形式进入细胞。

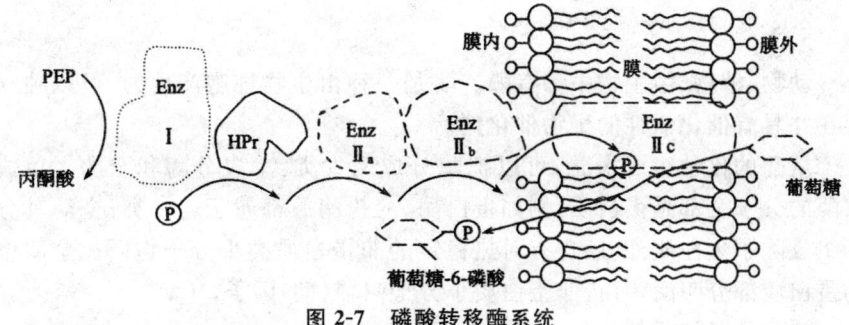

图 2-7 磷酸转移酶系统

2.2 微生物的代谢

微生物从外界不断地吸收营养物质,在体内发生的各种化学反应,将复杂的有机物分解成简单有机物的同时,也将其中一部分转化为细胞自身的物质成分,维系自身的生长和繁殖;同时将产生的废物排出体外,这一过程称之为新陈代谢。从整体来看,新陈代谢由 2 个相辅相成、作用相反的过程——合成代谢和分解代谢组成(图 2-8)。

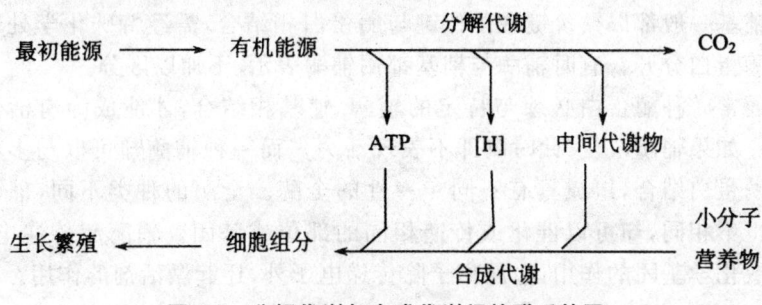

图 2-8 分解代谢与合成代谢间的联系简图

2.2.1 微生物酶

生物的代谢由一系列不同的化学反应所组成。这些生物化学反应几乎全部是由酶所催化的。一种酶催化一种或一类反应,一个细胞中含有成百上千种酶,这些酶在不同的场所互相配合,进行着有条不紊、精确高效的生理活动。没有酶,就没有新陈代谢,也就没有生命。酶使生物能进行物质的合成与分解、能量的吸收与释放,生物才得以生存生长。

2.2.1.1 酶的组成

动物、植物、微生物中都有酶。酶是一种由生物细胞产生的,可以独立存在并具有催化活性的生物催化剂。

从酶的化学组成来看,可以把酶分成两大类:单成分酶和全酶。单成分酶的分子全部是蛋白质,例如蛋白酶、淀粉酶等都属于这一类;全酶其分子组成除了蛋白质外,还含有对热稳定的非蛋白质类小分子物质。全酶中的蛋白质部分叫酶蛋白,非蛋白质小分子叫辅(助)因子。

酶的分子组成如下:

  单成分酶＝酶蛋白（如淀粉酶）
  全 酶＝酶蛋白＋有机物
  全 酶＝酶蛋白＋有机物＋金属离子
  全 酶＝酶蛋白＋金属离子
      酶蛋白   辅因子

酶的辅因子有些是小分子有机物,有些是金属离子,有时两者都有。通常将小分子有机物称为辅酶或辅基。本质上辅酶与辅基并无差别,习惯上把与酶蛋白结合较松弛、用透析法可以除去的叫辅酶;把那些与酶蛋白结合比较紧的、用透析法不易除去的小分子物质(包括金属离子)称为辅基。辅基一般都以共价键或配位键与酶蛋白相结合,需经特殊化学处理才能与酶蛋白分开。有时辅酶与辅基都用辅酶表示,不加以区分。

通常一种酶蛋白必须与特定的辅酶/辅基相结合,才能成为有活性的全酶。如果辅酶改变,此时酶即不表现活力。而一种辅酶却可以与多种不同的酶蛋白结合,组成具有不同专一性的全酶。全酶的种类不同,催化的底物也不相同,却可以催化或传递相同的部位或基团。辅酶起传递电子、原子或化学基团的作用,金属离子除传递电子外,还起激活剂的作用。

2.2.1.2 酶的活性中心及作用

酶的活性中心是指酶的活性部位,是酶蛋白分子中直接参与和底物结合,并与酶发生催化作用的部位。酶为什么会具有催化作用的特异性呢?这是由酶的结构特性所决定的,具体说,就是酶活性中心决定了酶的催化作用的特性。所谓酶的活性中心是指蛋白分子中,由必需基团所组成的、具有一定空间结构的活性区域。此外,还有活性中心以外的必需基团,这种基团起着维持活性中心构型的作用。酶活性中心是酶催化作用的关键部位,当酶的活性中心被非底物物质占据或空间构型被破坏,酶也就失去了催化活性。

酶的催化作用发生在酶的活性中心部位,所以,酶催化作用的特异性就必然与活性中心结构有关。活性中心的结合基团是行使识别底物,并且与底物进行特异性结合功能的结构;然而,催化基团的催化作用必须在结合基团完成它的结合功能,并判明是否为催化底物后才有可能发生。由此不难看出,酶催化作用的特异性实质上是结合基团和催化基团的特异性。

2.2.2 微生物的能量代谢

2.2.2.1 微生物的生物氧化和产能代谢

微生物在进行生命活动的过程中需要消耗能量,其体内发生的化学反应,绝大部分都是氧化还原反应。根据电子受体的不同,微生物的氧化分成发酵和呼吸2种类型,呼吸又可分为有氧呼吸和无氧呼吸2种方式。微生物的能量代谢就是通过上述两类氧化方式进行实现,来获取生命活动所需能量。生物氧化的反应如图2-9所示。

生物氧化反应 { 发酵:发酵是以有机物氧化分解的中间代谢产物为最终电子受体的氧化还原过程;其最终产物为有机酸、醇、CO_2、H_2以及能量
呼吸 { 有氧呼吸:以O_2为最终电子受体的氧化还原过程,最终产物是CO_2、H_2O以及能量
无氧呼吸:以含氧无机盐为最终电子受体的氧化还原过程,最终产物是N_2、H_2S、CH_4、CO_2、H_2O以及能量

图2-9 生物氧化的反应

微生物产生能量的方式有多种,产生的能量也有多种,如鞭毛和纤毛的摆动、细胞质流动、线粒体和叶绿体的移动等情况下产生的能、光能(发光细菌产生的能量)。在微生物所产生的能量中,一部分以热量的形式散发掉,一部分供合成反应和生命的其他活动所需,还有一部分被储存在ATP(三磷酸腺苷)中,以备生长、运动及其他活动用。

(1)发酵。下面以葡萄糖为例,说明糖酵解的途径。微生物在厌氧的条件下,将葡萄糖通过酶催化的一系列氧化还原反应分解为丙酮酸,并供给机体生命活动的能量的过程称为糖酵解途径(EMP)。通过EMP途径,1分子葡萄糖转变成2分子丙酮酸,产生2分子ATP和2分子$NADH^+ + H^+$。全过程如图2-10所示。

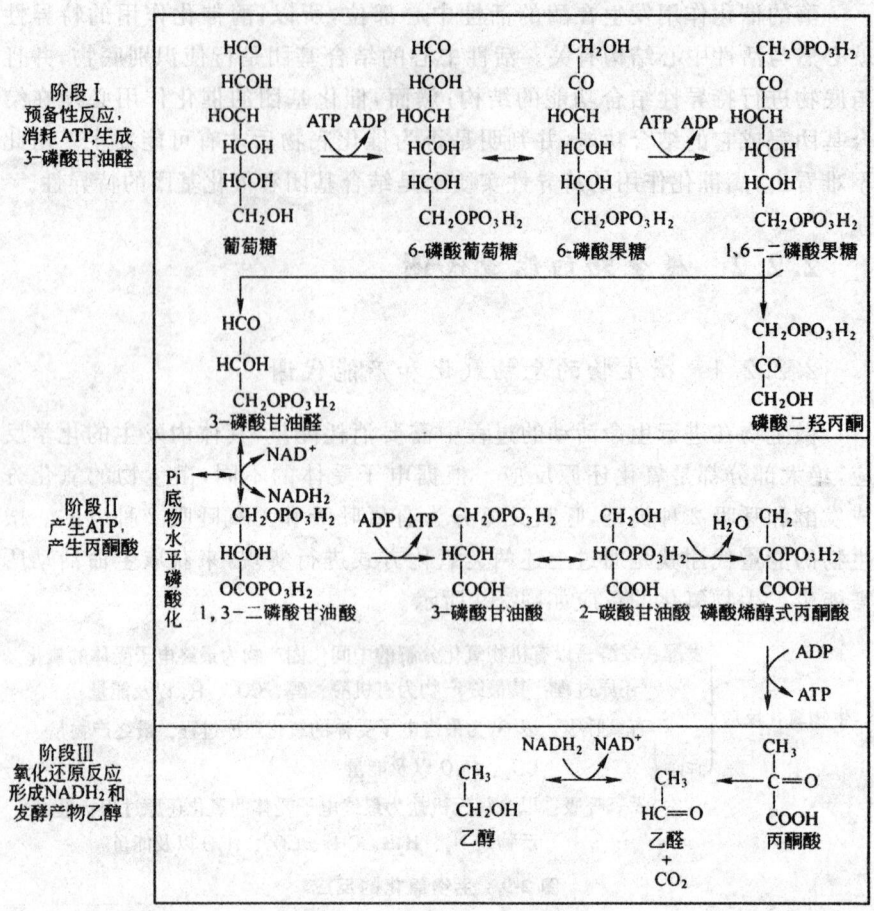

图 2-10 葡萄糖的糖酵解示意图

从糖酵解途径中看出,除了已糖激酶、磷酸果糖激酶及丙酮酸激酶所催化的反应不可逆外,其余的都是可逆反应,从葡萄糖到丙酮酸的中间产物,全部是磷酸化合物。糖酵解途径是一个放能过程,从葡萄糖开始净得 2 个 ATP。

糖无氧酵解的生理学意义:提供能量,为原始生命的获能形式;厌氧生物的获能形式;好氧生物缺氧时的获能形式。

(2)有氧呼吸。当存在外在的最终电子受体——分子氧 O_2 时,底物可全部被氧化成 CO_2 和 H_2O,并产生大量的 ATP 的过程称为有氧呼吸。

有氧条件下,微生物会将 $NADH^+ + H^+$ 的氢经呼吸链传递给 O_2,产生 3 个 ATP,此阶段产物中的 2 分子 $NADH^+ + H^+$ 进入呼吸链共产生 6 个 ATP,再加上反应过程中净得的 2 个 ATP,共有 8 个 ATP。第二阶段,丙酮酸在丙酮酸脱氢酶系的作用下生成乙酰 CoA,并释放 CO_2 和 $NADH^+ +$

H⁺(反应式如下)。丙酮酸氧化脱羧反应是连接糖酵解和三羧酸循环(tricarboxylic acid cycle,TCA)的中间环节。第三阶段,乙酰CoA进入三羧酸循环,产生大量的ATP、CO_2、$NADH^+ + H^+$和$FADH_2$。

$$CH_3\underset{丙酮酸}{\overset{O}{\overset{\|}{C}}COOH} + \underset{辅酶A}{HS-CoA} + NAD^+ \xrightarrow{丙酮酸脱氢酶系} \underset{乙酰辅酶A}{CH_3\overset{O}{\overset{\|}{C}}-SCoACO} + NADH$$

三羧酸循环也称柠檬酸循环(citric acid cycle),指丙酮酸氧化脱羧生成的乙酰辅酶A(乙酰CoA)彻底进行氧化,产生大量的ATP、CO_2、$NADH^+ + H^+$和$FADH_2$的过程,如图2-11所示,在此过程中一共生成38分子的ATP。

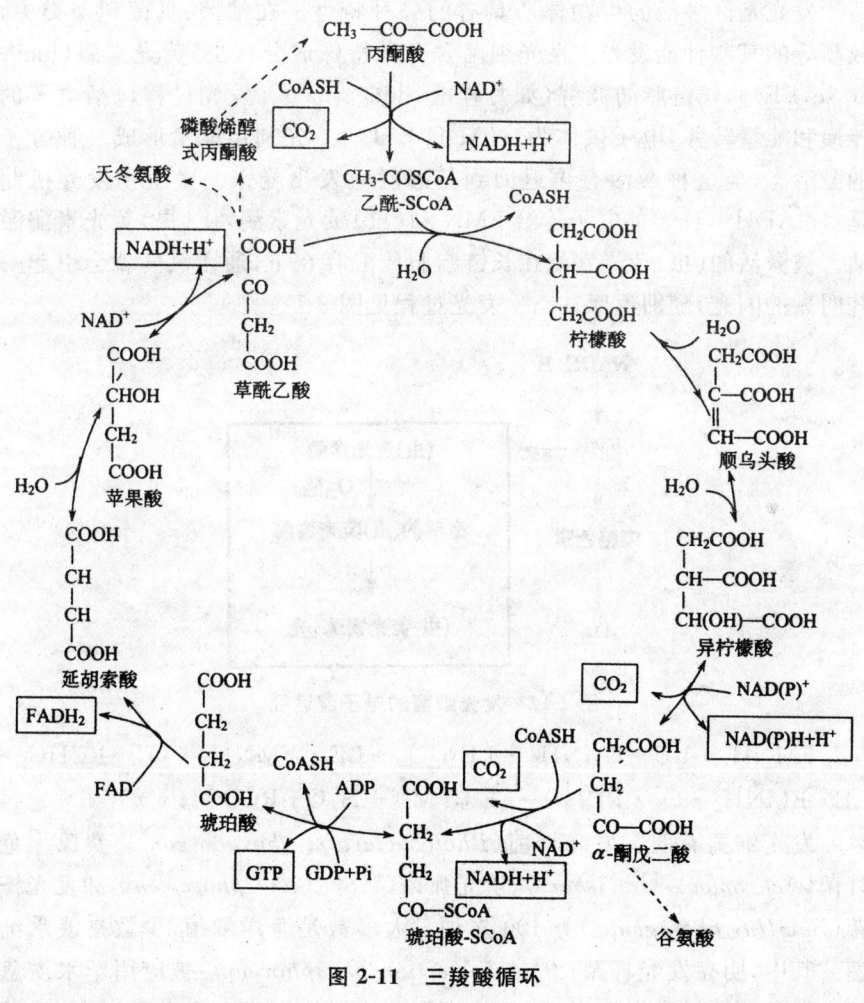

图2-11 三羧酸循环

三羧酸循环所提供的能量远远多于糖酵解。在有氧呼吸中,除进行三羧酸循环外,有的细菌利用乙酸盐进行乙醛酸循环。乙醛酸循环也是重要的呼吸速径。在乙醛酸循环中,异柠檬酸可分解为乙醛酸和琥珀酸,琥珀酸可进入三羧酸循环,乙醛酸乙酰化后形成苹果酸也可进入三羧酸循环。所以,常把乙醛酸循环看作三羧酸循环的支路。

(3)无氧呼吸。在无氧呼吸作用过程中,最终电子受体并不是分子 O_2,而是 NO_3^-、NO_2^-、SO_3^{2-}、SO_4^{2-} 等无机化合物,底物一般为有机物,被氧化生成 CO_2,并生成 ATP,但是产生的 ATP 量比有氧呼吸少。

2.2.2.2 微生物发光机制与其应用

发光是许多活的生物体所具有的一种特性。在细菌、真菌和藻类中,较高等的某些种能发光。发光细菌含 2 种特殊成分:(虫)荧光素酶(luciferase,LE)和长链脂肪族醛(如月桂醛,dodecanal)。发光过程包括电子的传递和能量转移,电子供体为(NADH+H^+)。先利用能量形成一种分子的激活态,当这种激活态再返回到基态时就发出光来。微生物发光机制是:(NADH+H^+)的电子传给 FMN 和(虫)荧光素酶,使(虫)荧光素酶激活。被激活的(虫)荧光素酶在长链脂肪族醛存在下,通入氧气就会引起一阵明亮的闪光,随即返回基态。发光过程见图 2-12。

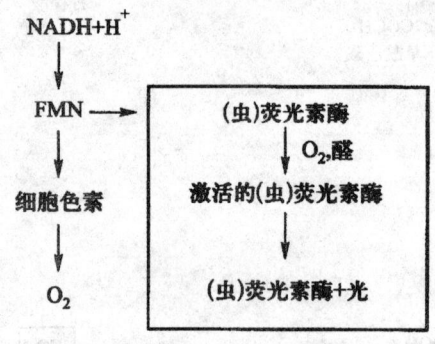

图 2-12　发光细菌的电子流途径

$FMNH_2 + LE \rightarrow FMNH_2 \cdot LE + O_2 \rightarrow LE \cdot FMNH_2 \cdot O_2 + RCHO \rightarrow LE \cdot FMNH_2 \cdot O_2 \cdot RCHO \rightarrow LE + FMN + H_2O + RCOOH + 光$

发光细菌有明亮发光杆菌(*Photobacterium phosphoreum*)、费氏无色杆菌(*Achromobacter fisheri*)、磷光弧菌(*Vibrio phosphorescens*)和发光杆菌(*Bacillus photogenus*)等 100 多种。大多数是海洋细菌,少数是淡水细菌。其中,明亮发光杆菌(*Photobacterium phosphoreum*)被应用于水质急性毒性的测定;费氏弧菌(*Vibrio fisheri*)被欧盟标准所使用;青海弧菌

(*Vibrio qinhaiensis*)被制成冻干粉,用于某地震灾区应急环境监测。它具有快速、便捷、综合评价等优点。

发光细菌是兼性厌氧菌,在有氧存在时才发光。它对氧很敏感,即使氧的含量极微量,发光细菌也能发光。如将其培养物置于黑暗处,清楚可见。如图2-13所示。

图2-13 发光细菌在黑暗中发光

鉴于发光细菌对氧的灵敏度高,可将它用于测定溶液中的微量氧。因此,将发光细菌在缺氧条件下培养一段时间,然后通入空气,结果引起一阵明亮的闪光,接着光的强度又下降到一个低的稳定状态值。一般认为这是由于在厌氧条件下,发光所需的某种成分(可能是$NADH+H^+$)积累到比通常更高的量,然后再通入氧后,$NADH+H^+$被迅速利用而产生一阵闪光(发光强度在波长为450~490 nm处的蓝绿光)。在普通肉汁蛋白胨培养基中加3%NaCl和1%甘油可获得发光细菌的纯培养。

发光细菌对毒气(SO_2)、毒药、麻醉剂、氰化物等抑制剂也异常敏感,当这些物质的质量分数仅为10^{-6}时,就能使发光细菌发光。现在,发光细菌已被制成生物探测器,应用于环境监测及其他领域。

2.2.3 微生物的合成代谢

2.2.3.1 产甲烷菌的合成代谢

可以生成甲烷的微生物称作产甲烷菌属(*Methanogenium*)。甲烷菌属于原核生物中的古菌,是专性严格厌氧菌,生长繁殖特别缓慢,培养分离比较困难。

产甲烷菌利用C_1和C_2有机物产生CO_2和CH_4,利用其中间代谢产物和能量物质ATP合成蛋白质、多糖、脂肪及核酸等细胞物质,用以构成自身的细胞。图2-14为嗜热自养甲烷杆菌同化CO_2和合成乙酸的途径。图

2-15 为产甲烷杆菌同化 CO_2 和逆三羧酸循环合成细胞物质的途径。

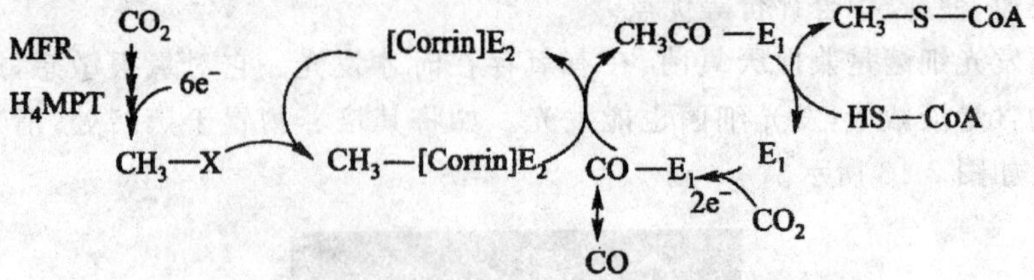

图 2-14 嗜热自养甲烷杆菌同化 CO_2 和合成乙酸的途径
E_1—含镍的钴脱氢酶(CoDH)；[Corrin]E_2—参与甲基转移的含钴氨蛋白

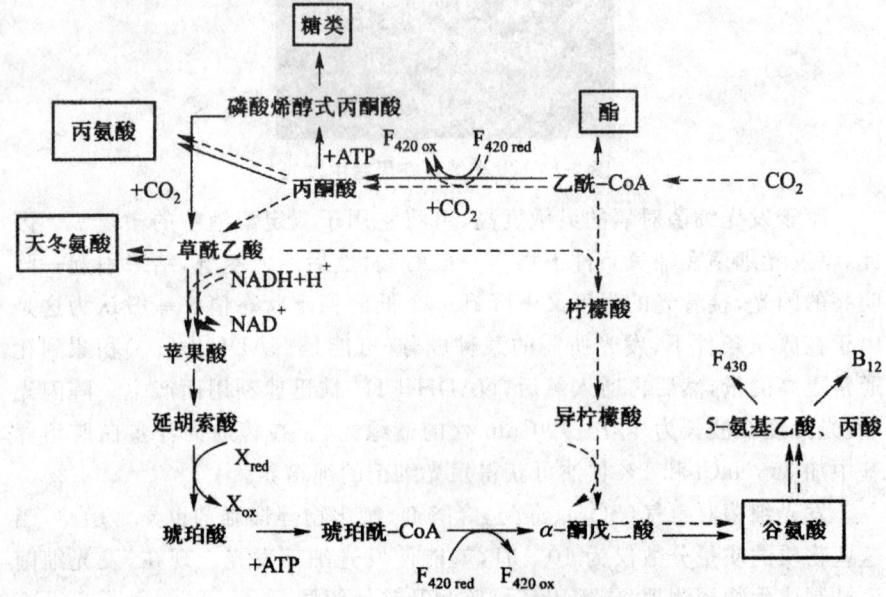

图 2-15 产甲烷菌同化 CO_2 和逆三羧酸循环合成细胞物质
实线为嗜热自养甲烷杆菌同化 CO_2 的途径；
虚线为巴氏甲烷八叠球菌同化 CO_2 的途径

产甲烷菌合成细胞物质需要的 ATP 较异养菌少，如产甲烷菌利用 H_2/CO_2 为基质合成 1 g 细胞物质需要消耗 522.5×10^{-4} mol ATP，异养微生物利用乙酸为基质合成 1 g 细胞物质需要消耗 955×10^{-4} mol ATP，为产甲烷菌的 2 倍左右。产甲烷菌产能量较低，如产甲烷菌利用 H_2/CO_2 为基质产生 1 mol CH_4 释放 131 kJ，利用乙酸为基质产生 1 mol CH_4 只释放 32.5 kJ，从产生的能量来看，似乎满足不了消耗需要。

事实上，产甲烷菌运输甲醇等物质进入细胞不需耗能，而且产甲烷菌能通过利用少量外源 ATP 催化自身反应，产生大量的内源 ATP，以满足合成细胞物质用。但是,外源 ATP 不能过多,否则(达到 100 mol 以上时)会抑制布氏甲烷杆菌的甲基还原酶的活性。

2.2.3.2　化能自养型微生物的合成代谢

(1)氢细菌。氢细菌($Hydrogen\ bacteria$),如嗜糖假单胞菌($Pseudomonas\ saccharophila$),能从氢的氧化中获得能量(ATP),这是通过电子传递而得到的。氢细菌的细胞膜上具有电子传递体系,并且具有氢化酶,这些电子传递体系的传递体在电子传递中由于存在电位差,因此在有些步骤产生 ATP。$2H^+/H_2$ 的氧化还原电位(-0.42 V)与 $NAD^+/NADH+H^+$ 的氧化还原电位(-0.32 V)比较接近,所以,产生的 ATP 数量基本上相同,也就是说可以产生 3 个 ATP。

氢细菌是兼性自养菌,也就是说,不仅能从氢的氧化中获得能量,还能利用有机物得到碳源和能源。

(2)硫细菌。硫细菌(或称硫氧化细菌)可以通过对 H_2S、S 以及硫代硫酸盐的氧化而得到能量,这些物质最后都被氧化为硫酸。这些硫细菌称为无色硫细菌,以区别于那些含有叶绿素的绿硫细菌和紫硫细菌。主要的硫细菌有氧化亚铁硫杆菌($thiobacillus\ ferrooxidans$)。

(3)硝化细菌。自然界的硝化作用(nitrification)是硝化细菌(Nitrifying bacteria)活动的结果,仅在有氧条件下进行。所谓硝化作用就是氨氧化为亚硝酸,亚硝酸氧化为硝酸的过程。硝化细菌有两类:一类是将氨氧化为亚硝酸,常称作亚硝化细菌,如亚硝化单胞菌属;另一类则称硝化细菌,如硝酸杆菌属($Nitrobacter$)。硝化细菌有很强的专一性,也就是说,没有一种细菌既能将氨氧化为亚硝酸,又能将亚硝酸氧化为硝酸。NO^{2-} 氧化为 NO^{3-} 时失去 2 个电子而被氧化,所产生的 2 个电子经细胞色素 a_1→细胞色素 a_3→O_2 电子传递链进行电子传递,经磷酸化作用产生 1 个 ATP。

生物合成需要还原为 $NADH_2$ 或 $NADPH_2$,但大多数化能自养菌,如硝化细菌及后面将要介绍的硫化细菌等,由于它们所利用的无机底物的氧化还原电位都比 NADH 或 NAD^+ 高,因此这些无机底物的氧化,不能直接与 NAD^+ 的还原相偶联而产生 NADH。在这些细菌中,为了使 NAD^+ 还原,就必须在消耗 ATP 提供能量的情况下,进行反向电子传递,即电子从氧化还原电位高的载体流向氧化还原电位低(负)的 $NADH/NAD^+$,使 NAD^+ 还原成 NADH。

由于 NO^{2-}/NO^{3-} 的氧化还原电位很高,为 $+0.42$ mV,而 $NADH/NAD^+$ 为 -0.32 mV,在一般情况下,电子不可能从 NO_2 流向 NAD^+。因此为了使电子反向传递,硝化细菌就必须大量消耗在亚硝酸氧化过程中通过氧化磷酸化作用所产生的 ATP。从以上电子传递过程可以看出,产生 1 分子 NADH 需要消耗 3 分子 ATP。这也就是为什么硝化细菌生长时需要消耗大量底物(如硝酸),而生长却非常缓慢、细胞得率很低的原因。

2.2.3.3 光能自养型微生物的合成代谢

光能自养型微生物产生 ATP 的方式是利用光能转换,这类生物利用光合色素吸收光能,通过光合磷酸化作用,生成生物可利用的能量。

光合磷酸化作用是一个将光能转变为化学能(ATP)的过程,根据电子传递方式的不同,可分为环式光合磷酸化作用(如光合细菌)和非环式光合磷酸化作用(如绿色植物和蓝细菌)两种形式,如图 2-16 和 2-17 所示。前者的特点是产生能量,但不产生 NADH(NADPH),也无分子氧释放。

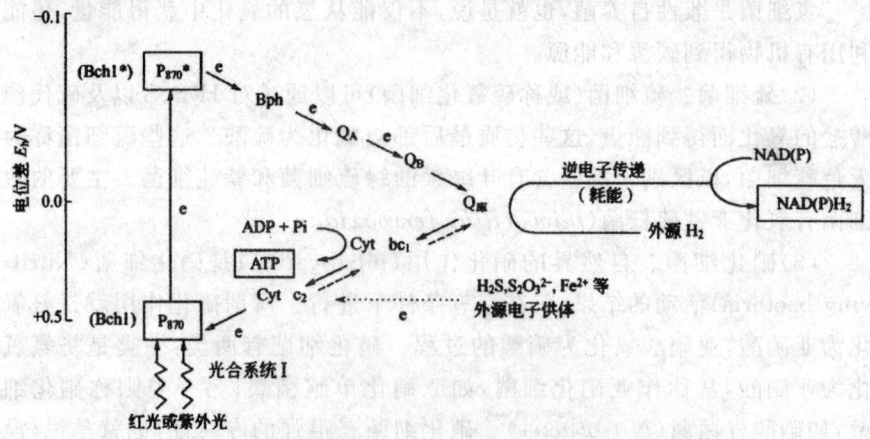

图 2-16 不产氧光合作用——循环光合磷酸化

P_{870}^* 表示激发态菌绿素,虚线表示外源氢或电子通过耗能的逆电子传递产生还原力[H];其他:脱镁菌绿素 Bph,辅酶 Q,细胞色素 bc_1,细胞色素 c_2

光合系统 I 中电子流的起点即终点,形成循环

在细菌的光合作用中,根据菌绿素(Bchl)在光合细菌中的分布,将其分成两组。

第一组:Bchl c,d,e。其主要功能:接收光能,被称为天线叶绿素(捕捉光能)。

第二组:Bchl a,b。其主要功能:将光能转化为化学能,被称为光同化叶绿素。

紫色细菌只有一种菌绿素 a 或 b,能同时完成以上 2 种功能,不同的天线叶绿素有不同的吸收光谱,反映在光合细菌所利用的光的波长也不同。

还有一种类胡萝卜素,在蓝紫区有 2~3 个吸收峰,其功能是光氧化反应的猝灭机,保护光合作用的结构不受损伤,在细胞能量代谢中起辅助作用。

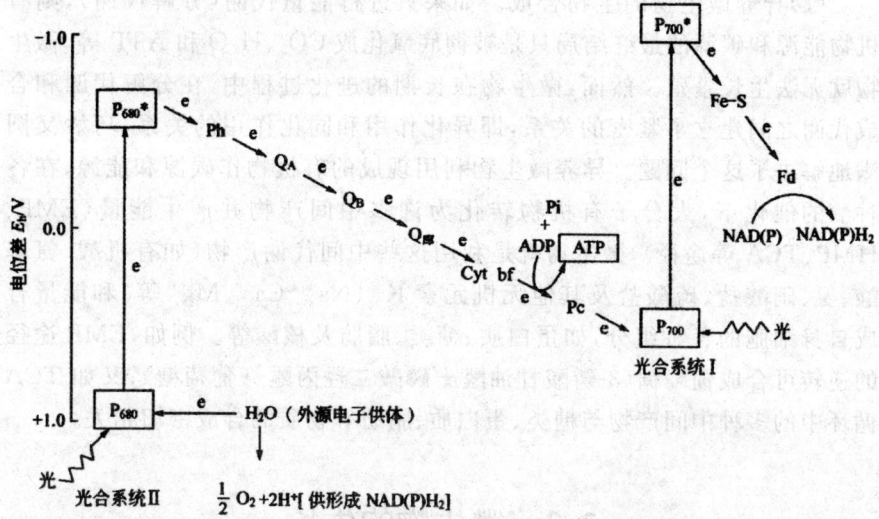

图 2-17 产氧光合作用——非循环光合磷酸化

P_{680}^* 和 P_{700}^* 表示两种叶绿素的激发态;Ph 表示褐藻素;Q 表示醌;Pc 表示质体蓝素;Fe-s 表示非血红素铁硫蛋白;Fd 表示铁氧还蛋白

光合系统Ⅱ中电子流的起点是 H_2O,终点是铁氧还蛋白、NADP,没有形成循环

从 H_2O 的光解中获得 H_2,由 H_2O 经光解产生的 $1/2\ O_2$ 可及时释放,而电子需经光合系统Ⅰ(PSⅠ)和光合系统Ⅱ(PSⅡ)接力传递,在 PSⅠ系统中,电子经 Fe—S(铁硫蛋白)和 Fd(铁氧还蛋白)的传递,最终由 $NADP^+$ 接受,形成可用于还原 CO_2 的还原力 $NADPH+H^+$;在 PSⅡ中,有 ATP 的生成:

$$2NADP^+ + 2ADP + 2Pi + 2H_2O \rightarrow 2NADPH_2 + 2ATP + O_2$$

因与植物的光合作用相同,都是利用 CO_2 为碳源,H_2O 作为供氢体合成有机物,构成自身细胞物质,故称藻类的光合作用为植物性光合作用。其化学反应式为:

$$CO_2 + H_2O \xrightarrow[\text{叶绿素}]{\text{阳光}} [CH_2O] + O_2$$

2.2.3.4 自养微生物与异养微生物的生物合成

(1)自养微生物的生物合成。前面已经提及自养微生物有化能自养型和光能自养型两大类。其中化能型硫细菌、铁细菌、硝化细菌与光合细菌及藻类还有一条固定 CO_2 的共同途径——Calvin 循环。此过程不需要光

能,可在黑暗条件下进行。自养微生物中糖类的合成需要消耗能量 ATP 和还原力 $NAD(P)H_2$ 才能将无机 CO_2 还原为有机碳。

(2)异养微生物的生物合成。如果只进行能量代谢(分解代谢),则有机物能源和碳源的最终结局只是被彻底氧化成 CO_2、H_2O 和 ATP 等,微生物就无法生长繁殖。然而,微生物在长期的进化过程中,在分解代谢和合成代谢之间建立了紧密的关系,即异化作用和同化作用的关系,巧妙又圆满地解决了这个问题。异养微生物利用现成的有机物作碳源和能源,在各种酶的催化下,大分子有机物转化为许多中间产物并产生能量(EMP、HMP、TCA 等途径),微生物就是利用这些中间代谢产物(如有机酸、氨基酸、氨、硝酸盐、硫酸盐及其他无机元素 K^+、Na^+、Ca^+、Mg^+ 等)和能量合成自身细胞的各种组分,如蛋白质、糖类、脂肪及核酸等。例如,EMP 途径的逆转可合成葡萄糖(3-磷酸甘油醛+磷酸二羟丙酮→葡萄糖);又如 TCA 循环中的多种中间产物与糖类、蛋白质、脂肪等物质的合成密切相关。

2.3 微生物的生长

微生物在适宜的条件下,不断吸收营养物质,按照特定的代谢方式进行新陈代谢活动。正常条件下,同化作用大于异化作用,微生物的细胞不断迅速增长,这一过程称为生长。

2.3.1 微生物的培养方法

微生物的生长曲线是在微生物培养过程中,以微生物数量(活细菌个数或细胞质量)为纵坐标、培养时间为横坐标画得的曲线。

2.3.1.1 同步培养

同步培养(synchronous culture)就是使微生物群体中不同步生长的细胞转变成能同时进行生长或分裂的细胞。

机械法是一种较为常见的同步培养方法。对于不同生长阶段的微生物细胞,它们的体积与质量或它们与某种材料结合的能力等方面可能会有所不同。机械法就是基于这一微生物特点设计出了不同的微生物细胞同步培养方法。

①离心法。主要是依据微生物细胞在不同生长阶段的细胞质量不同而进行细胞的同步培养。其操作方法如图 2-18 所示:将不同步生长的细胞

培养物悬浮在不被这种微生物细胞利用的糖或葡聚糖等的不同密度梯度溶液中,对细胞培养物悬浮液进行密度梯度离心得到由不同质量的细胞分布构成的不同的细胞带,分别取出每一细胞带的细胞进行培养,即可获得同步细胞。

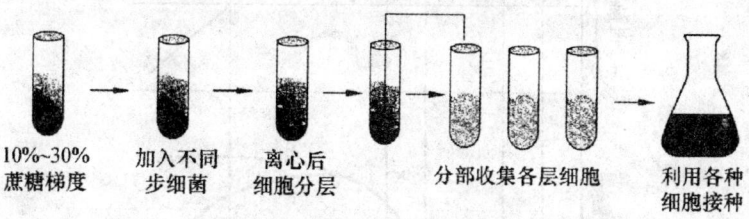

图 2-18　离心法进行同步培养

②过滤分离法。该方法依据微生物细胞在不同生长阶段的细胞大小不同,将不同步生长的细胞培养物通过孔径大小不同的微孔滤器,从而将大小不同的细胞分开,分别将滤液中的细胞取出进行培养,即可获得同步细胞。

③硝酸纤维素滤膜法。如图 2-19 所示为硝酸纤维素滤膜法获得同步细胞的大致流程。该方法是依据微生物细胞能紧紧结合到硝酸纤维素滤膜上的特点设计的。将细菌悬液通过垫有硝酸纤维素滤膜的过滤器;然后取出滤膜颠倒过来重新放置到过滤器上,并用培养基洗去未结合的细菌;将滤器于适宜条件培养一段时间;最后用培养基冲洗过滤器,将新分裂产生的细菌洗下、收集并培养获得同步细胞。

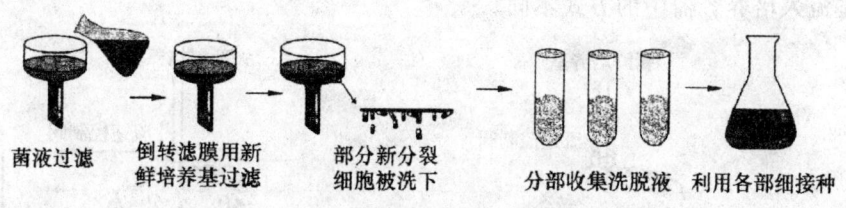

图 2-19　硝酸纤维素滤膜法进行同步培养

2.3.1.2　分批培养

分批培养是将一定量的微生物接种在一个封闭的盛有一定量新鲜液体培养基的容器内,保持一定的温度、pH 和溶解氧,使微生物在其中生长繁殖,结果出现微生物数量由少变多,达到高峰后又由多变少,直至死亡的变化过程。

以细菌纯种培养为例,将少量细菌接种到一种新鲜的定量液体培养基中进行分批培养,定时取样(例如,每隔 2 h 取样一次)计数,细菌的生长曲线如图 2-20 所示。

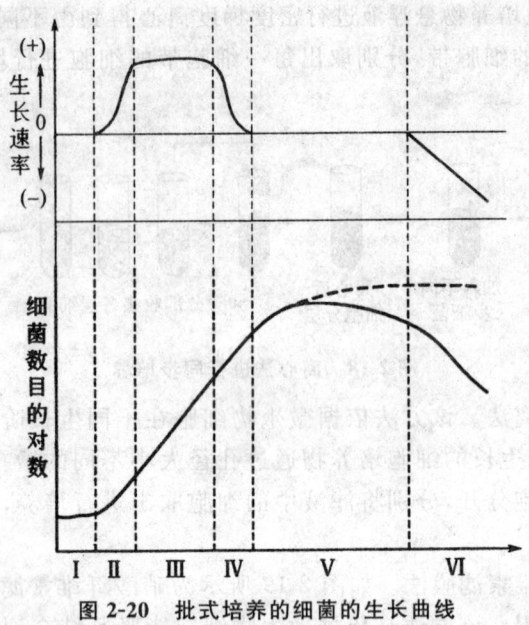

图 2-20　批式培养的细菌的生长曲线

2.3.1.3　连续培养

所谓连续培养,基本上就是在一个恒定容积的流动系统中培养微生物。连续培养有恒浊器和恒化器 2 种(图 2-21),两者的区别在于控制培养基流入培养容器中的方式不同。

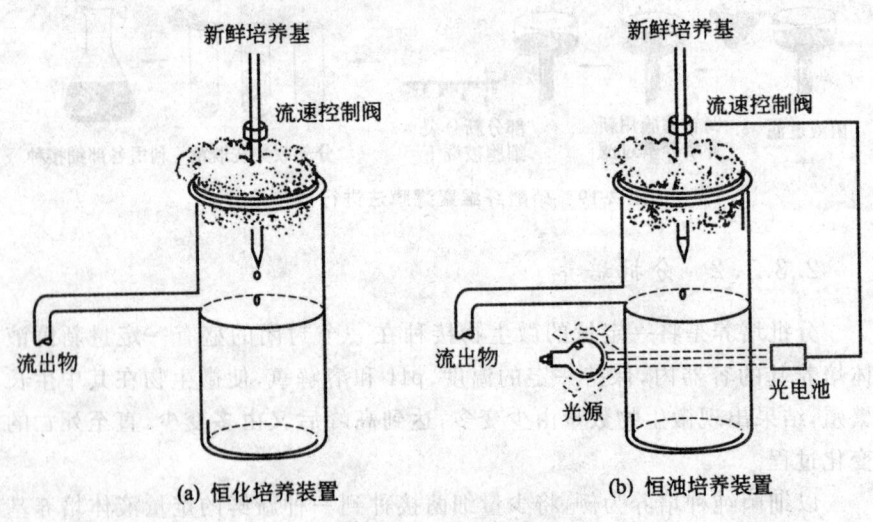

图 2-21　连续培养装置

恒化连续培养即维持进水中的营养成分恒定,以恒定流速进水,以相同流速流出代谢产物,使细菌处于特定的生长状态的培养方式。

恒浊连续培养即一种使培养液中细菌的浓度(细胞密度)保持恒定,以浊度为控制指标的培养方式。根据微生物增长情况,通过调节进水(含一定浓度的培养基)流速来使培养器中浊度达到恒定。当浊度较大时,加大进水流速,以降低浊度;浊度较小时,降低流速,提高浊度。

在连续培养中,微生物的生长状态和规律与分批培养不同,它们往往相当于分批培养中生长曲线的某一阶段,也就是生长曲线为一直线。恒浊培养的微生物的生长曲线为平行于时间轴的曲线,恒化培养的微生物的生长曲线为与时间轴相交的直线(对数生长期或衰亡期)或平行于时间轴的直线(静止期)。

2.3.2 不同废水生物处理法中微生物的生长特点及控制生长的意义

在污(废)水生物处理中,除了在序批式反应器(SBR)中采用类似微生物的批式培养方式外,其余的污水生物处理法均采用类似微生物的恒化连续培养方式。

在废水生物处理设计时,按废水的水质情况(主要是有机物浓度)可利用不同生长阶段的微生物处理废水。不同污废水生物处理通常控制的微生物生长阶段如图 2-22 所示。

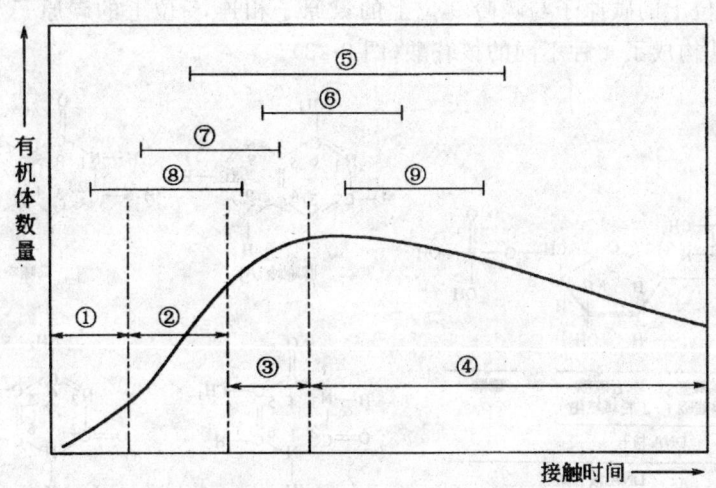

图 2-22 活性污泥的生长曲线及其应用
①~④活性污泥生长曲线 4 个时期;⑤常规活性污泥法;⑥生物吸附法;
⑦高负荷活性污泥法;⑧分散曝气;⑨延时曝气

对于连续流污水处理系统,进水浓度和投加的微生物量就基本决定了反应器内微生物的生长状态,所以在设计时需要确定合理的负荷(单位时间内进水中有机物量与微生物量的比值),以期达到最佳的处理效果。对于 SBR 反应器,由于其内微生物是批式培养,因此只要设定合理的反应时间,微生物就可以经历完整的生长过程,实现污染物的去除和污泥与水的良好分离。

在 SBR 反应器中,只要在污泥和水分离阶段,反应期内微生物处于静止期或者衰亡阶段就可以获得较好的沉淀和净化效果。

2.4 微生物的遗传变异

2.4.1 微生物的遗传

2.4.1.1 DNA 的结构与复制

(1)DNA 的化学组成。DNA 是一种大分子化合物,由 4 种核苷酸组成:腺嘌呤(adenine,A)、鸟嘌呤(guanine,G)、胞嘧啶(cytosine,C)和胸腺嘧啶(thymine,T)。而 RNA 中含有 A、G、C 和 U(尿嘧啶)4 种碱基。脱氧核糖 1 位上的碳原子与嘌呤 9 位上的氮原子相连,5 位上的碳原子与磷酸相连,就构成了 4 种不同的核苷酸(图 2-23)。

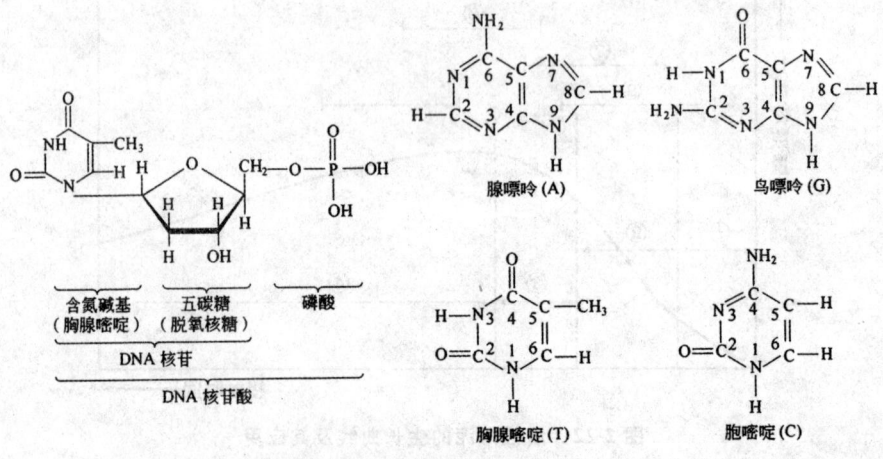

图 2-23 DNA 的基本组成单位

(2)DNA 的双螺旋结构模型。DNA 分子是一个右旋的双螺旋结构（图 2-24），由 2 条多核苷酸链以相反的方向（即一条由 3′→5′，另一条由 5′→3′）平行地围绕着同一个轴，右旋盘曲成一双链螺旋。螺旋每盘旋一圈有 10 对核苷酸，高度为 3.4 nm。这 2 条多核苷酸链的骨架是由糖和磷酸组成的，糖和磷酸基在链的外侧，而碱基在链的内侧（图 2-25）。2 条链通过它们碱基间的氢键连接在一起，从而维持双螺旋的空间结构。

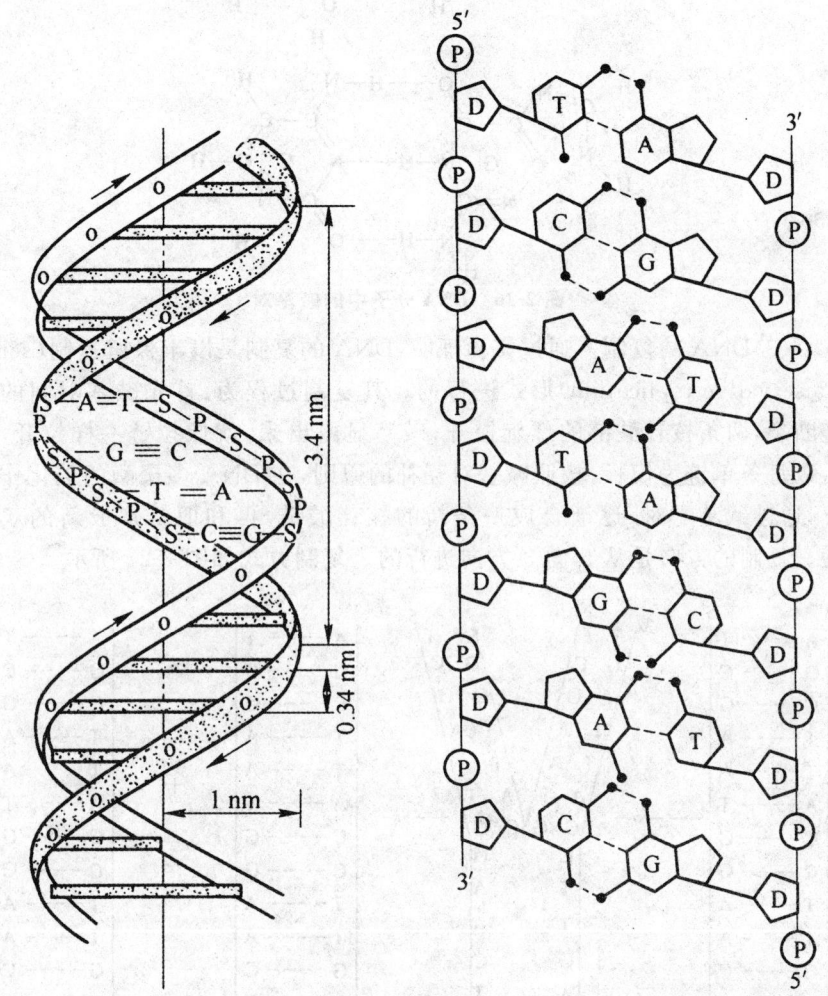

图 2-24　DNA 分子双螺旋结构示意图　　图 2-25　DNA 分子双螺旋平面结构图

形成氢键是有规律的，A 与 T 配对，形成 2 个氢键，G 与 C 配对，形成 3 个氢键。AT 配对和 GC 配对，称为碱基对。碱基对是互补的（图 2-26），因而由一条链上的碱基排列顺序就可知道另一条链上碱基的排列顺序。碱基配对的规律十分重要,它是遗传信息传递的关键。

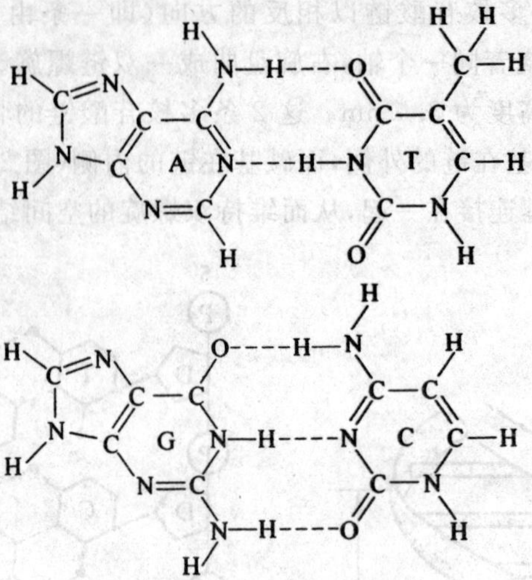

图 2-26　DNA 分子中的碱基对

(3)DNA 的复制。通过实验证明,DNA 的复制是以半保留复制(semi-conservative replication)形式进行的。其复制过程为:首先碱基对间的氢键断裂,两条核苷酸链的螺旋松开,碱基显露出来,就像拉链一样拉开,然后以每条单链为模板,按照碱基对互补的原则,在 DNA 多聚酶的催化作用下,通过碱基配对,逐渐合成一条新的核苷酸链,再和旧链形成新的双螺旋。复制的方向是从 5′向 3′方向进行的。复制方式如图 2-27 所示。

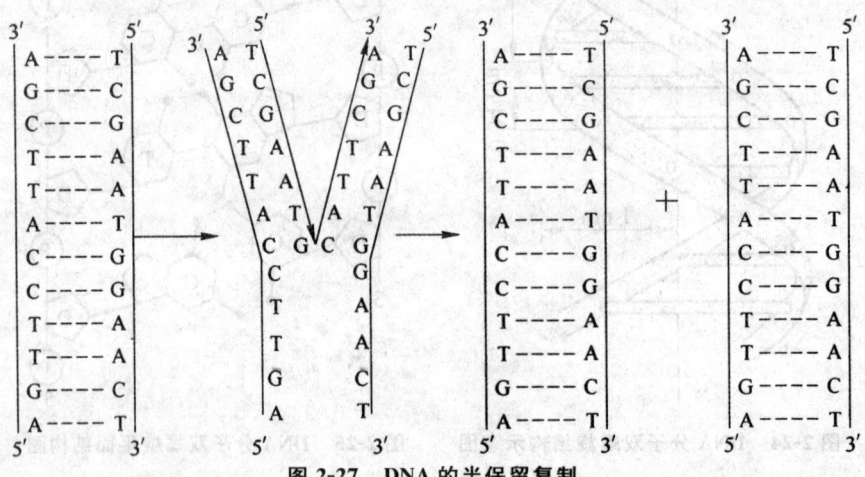

图 2-27　DNA 的半保留复制

2.4.1.2　微生物生长与蛋白质合成

(1)微生物生长。微生物生长表现为细胞基本成分的协调合成和细胞体积的增加。微生物生长的主要活动是蛋白质的合成。以细菌为例,当细菌被接种到新鲜培养基的初期(停滞期),细胞内所有成分出现一个不平衡的生长状态。当生长进入对数期,细胞内的各生化成分都以相同速率进行合成,叫平衡生长[图 2-28(a)]。当将平衡生长的培养物转移到丰富培养基中,生长速率加快,出现上升状况[图 2-28(b)],此时 RNA 的合成速率首先增加,稍后 DNA 和蛋白质的合成速率随之增加。经一段较长时间后,细胞分裂的速率也上升,最后,全部生化成分的合成速率再度达到平衡。反之,若做下降实验,RNA 的合成速率首先减小,DNA 和蛋白质的合成速率随之减小。上述实验证明,RNA 的合成速率是控制生长速率的关键因素。

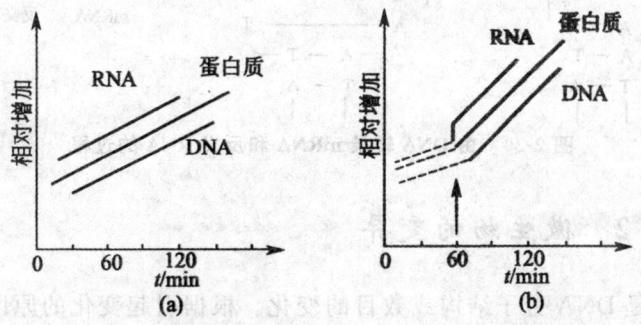

图 2-28　生长期细菌群体的 RNA、DNA 和蛋白质含量的变化

(2)蛋白质的合成过程。蛋白质的合成过程(图 2-29)可以分为 DNA 复制、转录 mRNA(图 2-30)、翻译、蛋白质合成等步骤。

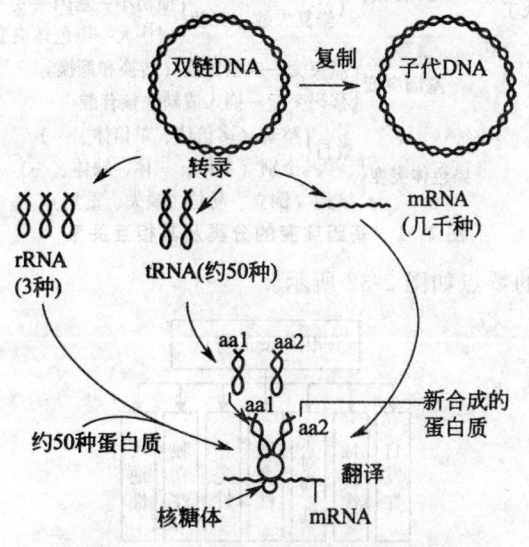

图 2-29　核酸和蛋白质的合成模式

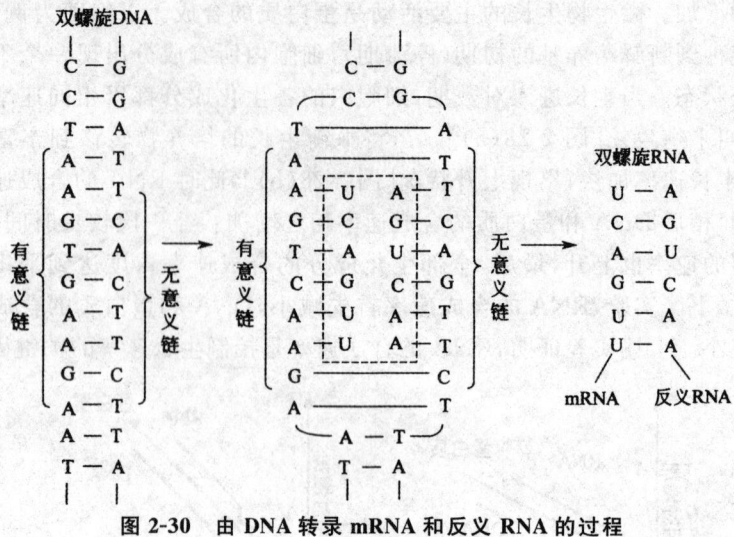

图 2-30 由 DNA 转录 mRNA 和反义 RNA 的过程

2.4.2 微生物的变异

突变是 DNA 分子结构或数目的变化。根据引起变化的原因，突变可分为自发突变和诱发突变；据 DNA 变化的程度，突变可分为基因突变和染色体畸变。其相互关系如图 2-31 所示。

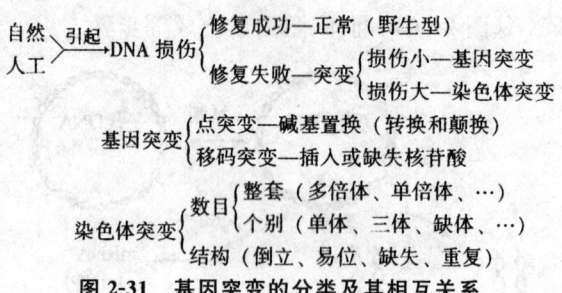

图 2-31 基因突变的分类及其相互关系

基因突变的特点如图 2-32 所示。

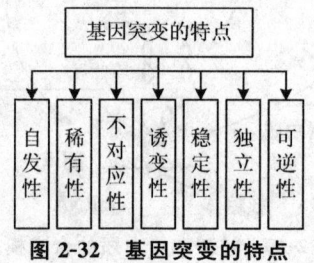

图 2-32 基因突变的特点

基因突变可以是自发突变,可以是诱发突变。化学诱变因素对 DNA 作用的形式有以下 3 类:如亚硝酸能导致 DNA 的碱基发生氧化脱氨基作用,从而产生诱变作用(图 2-33);脱氨基引起的基因突变(图 2-34);DNA 的移码突变(图 2-35)。

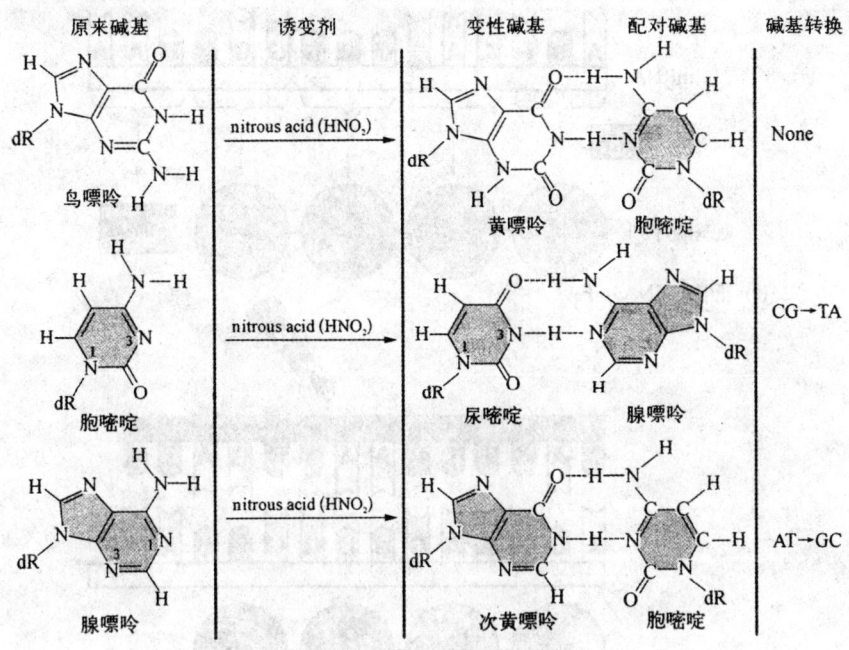

图 2-33 亚硝酸的诱变机制

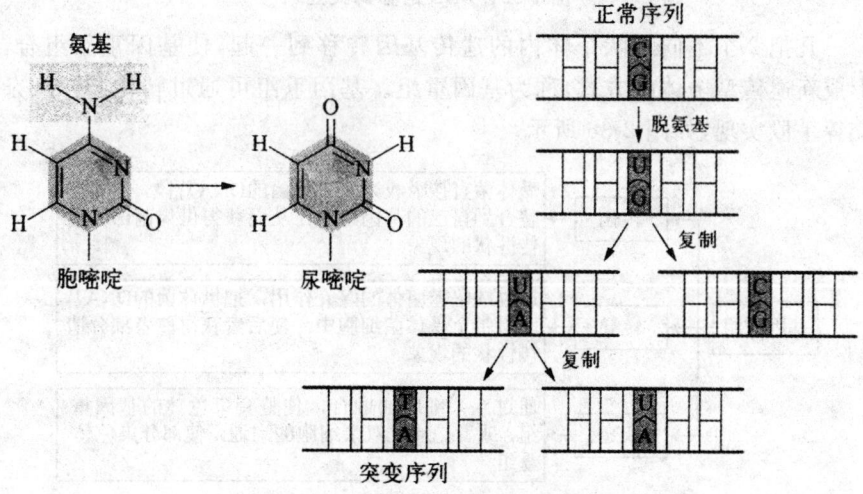

图 2-34 脱氨基引起的基因突变

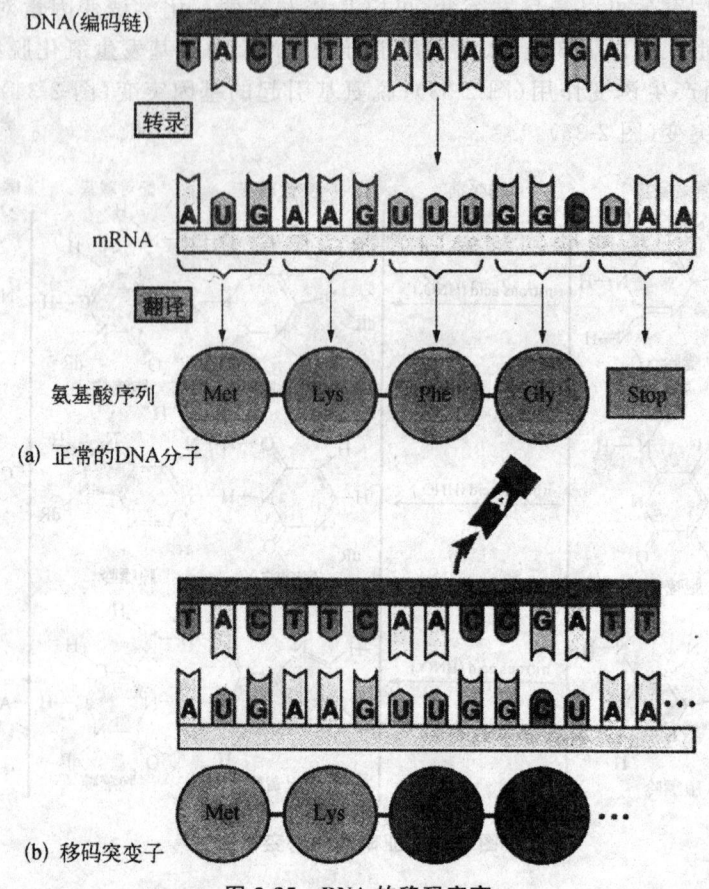

图 2-35 DNA 的移码突变

凡把 2 个不同性状个体内的遗传基因转移到一起,使基因重新组合,形成新遗传型个体的方式,称为基因重组。基因重组可通过转化、转导、杂交等手段实现,如图 2-36 所示。

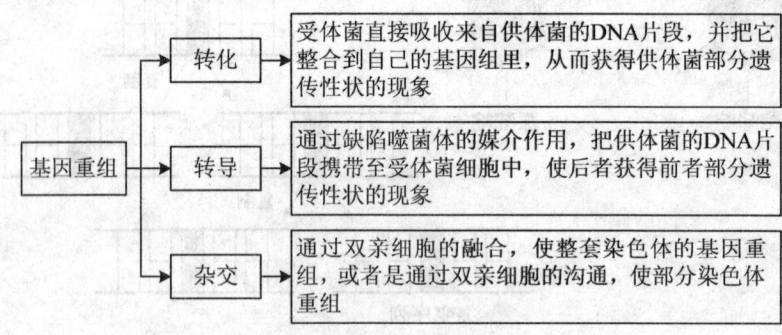

图 2-36 基因重组的实现

基因工程(gene engineering)又称为遗传工程(genetic engineering),是利用分子生物学的理论和技术,有目的地设计、改造和重建细胞的基因组,从而使生物体的遗传性状发生定向改变。图2-37为基因工程的主要操作过程。

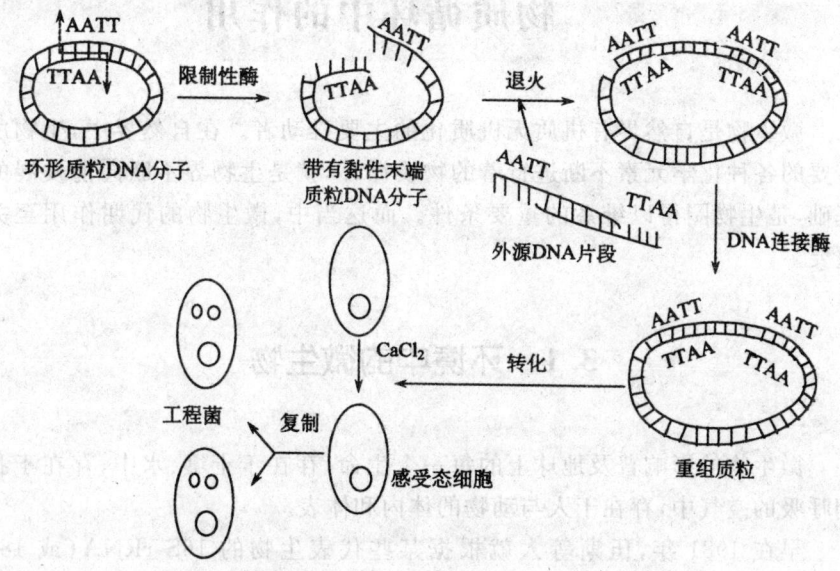

图 2-37 基因工程的主要操作过程

第3章 环境中的微生物及其在物质循环中的作用

微生物是自然界有机质无机质化的主要推动者。在自然界中,生物所需要的各种化学元素不断进行着的物质循环,就是生物界不断向前发展的基础,是生物圈得以维系的重要条件。而这当中,微生物的代谢作用至关重要。

3.1 环境中的微生物

微生物的影响普及地球上的每一个生命,存在于土壤、水中,存在于我们呼吸的空气中,存在于人与动物的体内和体表。

早在1981年,伍斯等人就根据某些代表生物的16S rRNA(或18S rRNA)的序列比较,首次提出了一个涵盖整个生命界的生命系统树(图3-1),后来,又进行了多次修改和补充。

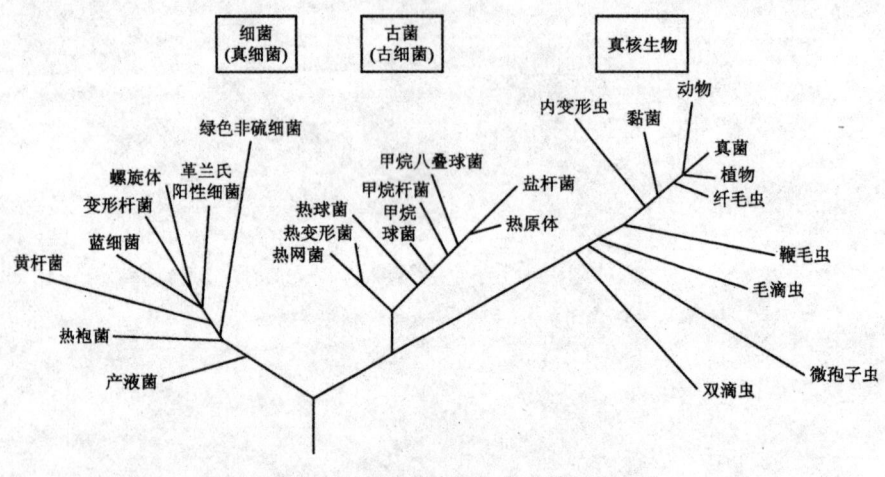

图3-1 三域系统和生命系统树图

我国学者对微生物界分类也有一定的研究。1977年,王大耜等认为应在魏泰克五界系统基础上增加一个病毒界的六界系统(图3-2)。

第3章 环境中的微生物及其在物质循环中的作用

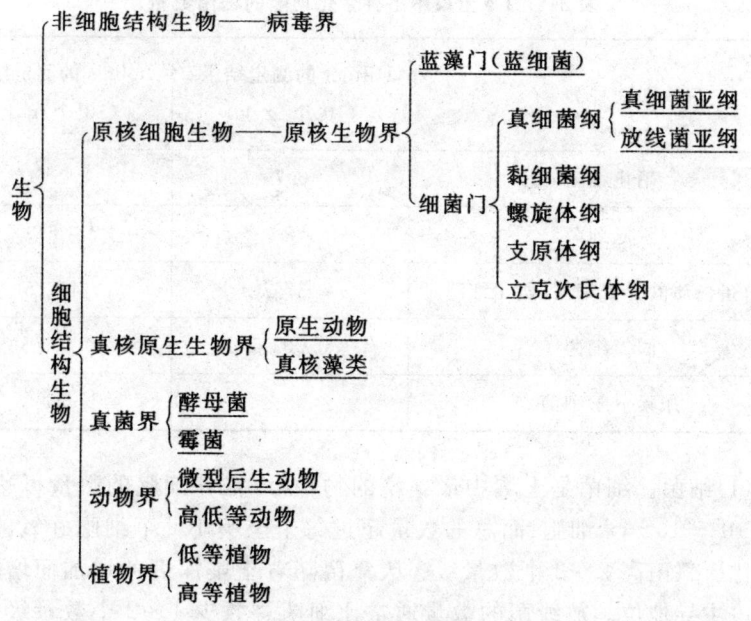

图 3-2 微生物的分类

3.1.1 土壤环境中的微生物

土壤环境是所有微生物生存环境中营养最丰富,也最复杂的环境,同时也是微生物最适宜的生活环境。因为土壤中具有微生物所需要的各种营养物质,以及微生物生长繁殖及生命活动的各种条件。

3.1.1.1 土壤中的微生物的种类

土壤中微生物种类齐全、数量多、代谢潜力大,是主要的微生物源。土壤中的微生物多以中温好氧和兼性厌氧菌为主。按生化功能来分有氨化细菌、固氮细菌、纤维素分解菌、硝化细菌、磷细菌、反硝化细菌、硫细菌及铁细菌等,其中以芽孢杆菌为最多,腐生性球状菌群也较多;放线菌中有诺卡菌属、链霉菌属和小单胞菌属等;霉菌有分解纤维素、木质素、果胶及蛋白质的属和种。酵母菌以糖类为碳源,多在果园、养蜂场、葡萄园等的土壤中生存;土壤藻类有硅藻、绿藻和固氮的蓝藻(蓝细菌)。表 3-1 为 1 g 土壤中不同生化功能的细菌数量。

表 3-1　1 g 土壤中各种生化功能的细菌数量

细菌种类	Hiltner 的测定结果/（10^4 个/g 土）	Lohnis 的测定结果/（10^4 个/g 土）
硝化细菌	0.7	0.5
脱氮细菌	5	5
分解蛋白质的异氧细菌（氨化细菌）	375	437.5
固氮细菌	0.002 5	0.003 88
尿素分解细菌	5	5

（1）细菌。细菌是土壤中最丰富的物种，可培养细胞的数量可达每克土壤 $10^7 \sim 10^8$ 个，细胞，而总的数量超过每个土壤 10^{10} 个细胞好氧菌数量通常比厌氧菌高 2～3 个数量级。厌氧菌随着土壤深度的增加而增加，但很少占主导地位。放线菌的数量通常比细菌总数少 1～2 个数量级，其在微碱性的土壤中较多，在酸性或贫瘠的土壤中较少。如表 3-2 所示列出了土壤中占主导地位的某些细菌属。表 3-3、表 3-4 则是环境微生物中很关键的主要生理类群，它们在土壤元素循环中起着主要作用。

表 3-2　土壤中占优势的可培养的土壤细菌

细菌	特征	功能
芽孢杆菌	革兰氏阳性好痒异氧，产生内生孢子，可占培养土壤菌的 2%～10%	营养物循环和生物降解；生物控制剂
假单细胞菌属	革兰氏阴性异氧，好气兼性厌气，具有范围广泛的酶系统，占可培养菌的 10%～20%	营养物循环和生物降解；包括难降解有机物；生物控制剂
节杆菌属	异氧、好氧，革兰氏阳性或阴性，达到可培养的土壤细菌的 40%	营养物循环和生物降解
链球菌属	革兰氏阳性，异养，好氧的放线菌占可培养细菌的 5%～20%	营养物循环和生物降解；产生抗生素

表 3-3 土壤中重要的自氧细菌

细菌	特征	功能
硫杆菌属	革兰氏阴性,好氧	将 S 氧化为 SO_4^{2-}
氧化亚铁硫杆菌	革兰氏阴性,好氧	将 Fe^{2+} 氧化为 Fe^{3+}
硝化杆菌属	革兰氏阴性,好氧	将 NO_2^- 转化为 NO_3^-
亚硝化单菌属	革兰氏阴性,好氧	将 NH_4^+ 转化为 NO_2^-
反硝化硫杆菌	革兰氏阴性,兼性厌氧	将 S 氧化为 SO_4^{2-},具有反硝化菌的功能

表 3-4 土壤中重要的异氧细菌

细菌	特征	功能
根瘤菌属	革兰氏阴性,好氧	和豆科植物共生固氮
土壤杆菌属	革兰氏阴性,好氧	重要的植物病原体,引起冠瘿病
真养产碱菌	革兰氏阴性,好氧	通过 pJP4 质粒降解 2,4-D
芽孢杆菌属	革兰氏阳性,好氧,芽孢产生菌	碳循环,产生抗生素和杀虫剂
弗兰克式菌属	革兰氏阴性,好氧	非豆科植物共生固氮
甲烷营养菌	好氧	能利用甲烷加单氧酶共代谢三氯甲烷
放线菌	革兰氏阳性,好氧,丝状	有"土腥味",能产生抗生素
梭菌属	革兰氏阳性,好氧,芽孢产生菌	碳循环

(2)真菌。土壤中最常见的霉菌有青霉、曲霉、枝孢霉、头孢霉等。真菌含量较多,每克土几千至几十万个,均为严格好氧的异养型种类,真菌占土壤中微生物量的大部分。丝状体的菌丝交织蔓延在土壤中,起改良土壤团粒结构的作用。丝状真菌以其菌丝把土壤颗粒物理锚住,因此大多集中分布于土壤凝聚颗粒之间。真菌是土壤中推动营养物循环、特别是简单有机物和复杂有机物降解的重要成员。

(3)藻类。藻类在土壤中的含量相对较少,不到微生物总数的1%。土壤中藻类大多分布在土壤表层,常见的有 4 个主要类群。

绿藻(如衣藻属)在酸性土壤最为常见。

硅藻(如舟形藻属)主要见于中性和碱性土壤。

黄绿藻(如气球藻属)和红藻(如 Probhyridium)较为少见。

蓝藻(蓝细菌)的数量也较多,特别由于某些种具有固氮能力而增加对土壤氮的供应。

藻类在贫瘠的火山、岩石和荒漠土壤表面大量生长时对土壤的形成和提高土壤肥力有重要作用。在温带土壤中主要藻类类群的相对丰富度有下列顺序,绿藻＞硅藻＞蓝细菌＞黄细菌＞黄绿藻,在热带土壤中蓝藻占优势。

(4)原生动物。原生动物在土壤中的含量不固定,少的每克土中只有几十个,多的则有几十万个。它们多为异养型生物,以土壤中的各种有机物为食,以此可以改良土壤。

大部分异养原生动物靠捕食细菌、酵母、真菌和藻类而存活生长。土生原生动物有3个主要类群,包括鞭毛虫类、变形虫和纤毛虫类。原生动物除捕食微生物有助土壤的能量流动外,还一定程度上参与土壤有机物的分解。

(5)其他。按照微生物在土壤中的位置不同,还可以分为表土下浅土层中的微生物、表土下深土层中的微生物、深渗滤层中的微生物、深饱和层土壤中的微生物等。它们具有不同的特点,这里不再一一赘述。

3.1.1.2 土壤对微生物的影响

(1)土壤类型。我国的土壤类型有十几种之多,每种类型的土壤都有其自己的微生物组成特点,不同类型的土壤中所含微生物不同。土壤的营养状况、温度和pH等对微生物分布有很大影响,特别是微生物所需的碳源。如表3-5所示为我国不同类型的土壤中微生物数量的情况。

表3-5 我国主要土壤类型中微生物的数量(干土)

土壤类型	地点	细菌/(10^4 个/g)	真菌/(10^4 个/g)	放线菌/(10^4 个/g)
红壤	浙江杭州	1 103	4	123
黑土	黑龙江哈尔滨	2111	19	1 024
娄土	陕西武功	951	4	1 032
滨海盐土	江苏连云港	466	0.4	41
棕壤	辽宁沈阳	1 284	36	39
草甸土	黑龙江亚沟	7 863	23	29
暗棕壤	黑龙江呼玛	2 327	13	612
白浆土	吉林蛟河	1 598	3	55
黄棕壤	江苏南京	1 406	6	217
磷质石灰土	西沙群岛	2 229	15	1 105
棕钙土	宁夏宁武	140	4	11
砖红壤	广东徐闻	507	11	39
黑钙土	黑龙江安达	1 074	2	319

(2) 土壤营养物质。即使同一地区、同一类型的土壤,因土壤营养水平不同、有机营养类型不同,其微生物的组成和数量也会有明显差异。而在同一地块土壤中有机营养状况主要受植被类型、耕作制度和施肥措施的影响。如表 3-6 所示就是有机物对土壤微生物的影响,由此可以看出,不同施肥措施,也对土壤的 pH 有着极大的影响。

表 3-6　不同施肥措施对土壤微生物的影响

施肥情况	微生物数量/($\times 10^3$ 个/g)			
	细菌	霉菌	放线菌	总数
矿质肥料	289	22	487	798
厩肥加矿质肥料	368	32	605	1 005
厩肥加石灰	795	21	1 450	2 266
不施肥	470	10	700	1 180

(3) 土壤深度。同一地点、不同深度土层的营养水平、营养物组成、通气状况具有明显区别,因此,其微生物组成也明显不同。土壤深度对微生物分布的影响主要是营养丰度的影响和土壤氧化还原电位的影响。如表 3-7 所示为典型花园土壤不同深度微生物数量的组成,它可以清楚地看出土壤微生物的垂直分布特征。

表 3-7　典型花园土壤不同深度的微生物菌落数

深度	细菌	真菌	放线菌	藻类
3～8	9 750 000	119 000	2 080 000	25 000
20～25	2 179 000	50 000	245 000	5 000
35～40	570 000	14 000	49 000	500
65～75	11 000	6 000	5 000	100
135～145	1 400	3 000	—	—

(4) 土壤温度。土壤中的微生物数量不仅与上述因素有关,还与季节的变化有着密切的联系。在炎热干旱的夏季,微生物的数量会相对较少。寒冷的冬季会造成一些地区的土壤冰封,因此冬天微生物的数量也不多。春季是气温回升,大地复苏的时节,微生物的数量相对较多,而且呈迅速增长趋势。秋季雨水充足,温度适宜,大量植物残体进入土壤,营养丰富,因此,此时的微生物数量最多,且数量不断增加。这就出现了一年四季中微生物数量在春季和秋季的两个高峰。

3.1.2 水体环境中的微生物

地球上的水分不断发生循环,供给所有生物所需的水分。湖泊、水蒸气及海洋等的蒸发,与植物叶部的蒸散,使水气逸入大气中,而后以雨、雪、雹等形式重降大地。水体中含有微生物所需的各种营养,因而也是微生物的天然生境。水体中微生物除天然栖息者外,还有来自土壤、空气、动植物残体、动物排泄物、各类工业废水和生活污水中的微生物。这些微生物不仅可以改变水中的化学物质,还可以供给其他水中生物的营养。

3.1.2.1 水域微生物的种类

(1) 清水型水生微生物。在洁净的水域中,因营养物较少,微生物数量也较少。在每毫升水中一般只含几十个到几百个微生物,并以自养型种类为主。有藻类(如丝状绿藻、硅藻等)、真菌(水霉菌属和绵霉菌属)等。

(2) 腐败型水生微生物。在受有机物严重污染的水域中,异养微生物占优势,它们分解有机物,对水体起净化作用。此水域中细菌较多,每毫升水中可达几千万个至几亿个,以变形杆菌、产气肠杆菌、产气碱杆菌等革兰氏阴性无芽孢菌为主,还有芽孢杆菌、生孢梭菌、大肠杆菌。此外还有绿藻、裸藻等藻类和草履虫、屋滴虫、小口钟虫等原生动物。

3.1.2.2 污染水体的微生物生态

含有有机污染物排放的水体,其自净过程在排污点的下游进行,沿着河流的方向形成污染程度递减的多污带、α-中污带、β-中污带和寡污带四个连续污染带(图3-3)。每个带中都有特征动植物和微生物。我们可以从某一区域发现的微生物系,动、植物系的特征体现来分析该区域受污染的程度。

3.1.3 空气环境中的微生物

地球上的大气圈可分为电离层、中间平流层和对流层。对流层常随季节变化,一般高度为 8~15 km,这一层是微生物生存的主要场所。空气不具备微生物生活所需要的条件,但是土壤、水面以及动物和植物上的微生物会随着气流流动进入空气中,然后附着在尘埃或水沫中,随气流飘扬而传播。

空气中微生物种类多样,而且其分布应因不同场所而有不同。空气

第3章 环境中的微生物及其在物质循环中的作用

中微生物的数量随地区、季节、气候、空气湿度、土壤、植被状况、人口、动物密度及活动状况、空气流动程度和高度等因素的变化而发生显著变化。表 3-8 列出了不同地区空气中的细菌数。

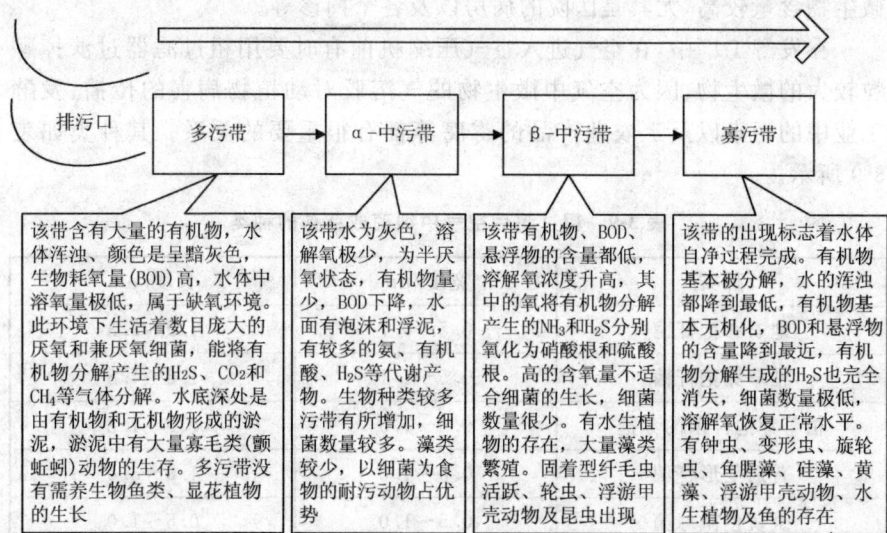

图 3-3　污染水体的微生物生态

表 3-8　不同场所空气中的细菌数（单位：个/m³）

场所	微生物数量
北纬 80°	0
海洋上空	1～2
住房	180
城市公园	200
实验室	200
医院	700～1 100
办公区	1 400
教师	2 500
城市街道	5 000
畜舍	$(1～2)\times10^6$

在空气中病原体虽然生存时间短，但因为室内空间小，所以很容易造成感染。尘埃有"微生物的飞行器"之称，凡是含尘埃较多的空气，其中所

含的微生物种类和数量也就越多。由于尘埃的自然沉降,所以越近地面的空气,其含菌量就越高。空气中的自然微生物主要是各种球菌、芽孢杆菌、产色素细菌以及对干燥和射线有低抵抗力的真菌孢子等。室内空气中的微生物含量较高,尤其是医院的病房以及各个门诊等。

在发酵工厂中,在空气进入空气压缩机前有时要用粗过滤器过滤掉颗粒较大的微生物,因为空气中微生物的气溶胶对动植物病害的传播、发酵工业中的污染以及工农业产品的霉腐等都有很重要的关系。其种类如表3-9 所示。

表 3-9　粗过滤后空气中细菌或芽孢的种类

种类	宽度/μm	长度/μm
地衣芽孢杆菌	0.5～0.7	1.8～3.3
枯草芽孢杆菌	0.5～1.1	1.6～4.8
枯草芽孢杆菌的芽孢	0.5～1.0	0.9～1.8
普通变形杆菌	0.5～1.0	1.0～3.0
金黄色微球菌	0.5～1.0	0.5～1.0
产气芽孢杆菌	1.0～1.5	1.0～2.5
蕈状芽孢杆菌	0.6～1.6	1.6～13.6
蕈状芽孢杆菌的芽孢	0.8～1.2	0.8～1.8
巨大芽孢杆菌	0.9～1.2	2.0～10.0
巨大芽孢杆菌的芽孢	0.6～1.2	0.9～1.7
蜡样芽胞杆菌	1.3～2.0	8.1～25.8

空气中存在较多、存活时间较长的是各种真菌、放线菌的孢子及细菌芽孢。空气中的微生物绝大多数是非致病的腐生菌,常见的有青霉属、棒状杆菌属、芽枝毒属等。其中,革兰阳性球菌所占比例最大,如表 3-10 所示。

表 3-10　空气中各属细菌比例

菌属	比例/%
梭状芽胞杆菌	<1
芽孢八叠球菌	<1
芽孢乳杆菌	<1

续表

菌属	比例/%
片球菌	2
假单胞菌	2
链球菌	3
硝化球菌	3
沙雷氏菌	3
奈瑟氏菌	3
消化链球菌	3
八叠球菌	4
副球菌	5
芽孢杆菌	8
气球菌	8
葡萄球菌	11
微球菌	41
乳酸杆菌	—
黄单胞菌	—
白色念珠菌	

3.1.4 极端环境中的微生物

极端自然环境是指由某些特定的物理和化学条件组成的，不适应绝大多数生物生存的环境，但这些特定的环境中会有某些微生物的存在。例如嗜热、嗜酸、嗜冷、嗜压、嗜盐、极端厌氧以及抗辐射等就属于极端微生物。这些微生物是研究生物适应异常环境的良好材料。

3.1.4.1 低温环境中的微生物

自然界中不乏存在一些抗低温微生物。这些低温环境包括长期低温的深海、地球两极的土壤、冰川和高空以及冬季等短期低温环境。

将能在3~20℃甚至能在0℃以下的环境中生长的微生物称作耐冷微生物。耐冷微生物具有双重功能。耐冷微生物最高生长温度不超过20℃，最适生长温度不超过15℃。

嗜冷菌对温度比较敏感,依据它们与生活环境温度的关系可将其分为专性嗜冷菌和兼性嗜冷菌两类。

(1)专性嗜冷微生物。专性嗜冷微生物有很多不同的类型,包括细菌、真菌和藻类等。它们适宜生活的温度范围为0~20℃,最适生长温度为15℃。在极地表面常见到红色或绿色的藻类。专性嗜冷菌对温度极为敏感,在温室中会迅速死亡。在南极那样的极端气候中可以分离得到微球菌、链霉菌属等专性嗜冷微生物。

(2)兼性嗜冷微生物。兼性嗜冷微生物的分布较广,对温度的敏感程度相较于专性嗜冷微生物弱,能在高达20℃的环境中生存,在0~5℃的环境中生长繁殖。在温和的土壤和海洋中都可以分离得到。兼性嗜冷微生物的适宜温度虽然较广,但是其生长缓慢,往往在数周之后才可以看到其在培养基上的生长。兼性嗜冷微生物包括细菌、真菌、藻类和原生动物等类群,自然界中某些低温环境下的微生物及生存温度如表3-11所示。

表3-11 自然界某些低温环境下的微生物及生存温度

低温环境	微生物	生长或生存温度
低温湖泊	弧菌、不动杆菌、假胞菌、黄杆菌和各种黏细菌	
长期冻结的湖泊	噬纤维菌	
冰川,山洞	假单胞菌、黄杆菌、节杆菌	−5~18℃
地球两极的土壤	微球菌、芽孢杆菌	−7℃
	固氮菌	在1℃以下固氮
南极上空	短杆菌、节杆菌	
高空	丁香假单胞菌	−2℃
	芽孢杆菌	0℃

低温下的微生物对温度比较敏感,因此温度对嗜冷菌的影响较大。与中温菌相比,嗜冷菌的代谢速率相对较低,并且伴随着温度的降低,嗜冷菌的生长速率降低也较快。在0℃或2℃环境下,低温微生物吸收和氧化外源葡萄糖的能力最强,当环境温度高时,这种能力便会下降。而且,当嗜冷菌处于其最高生长温度时,其核糖体的结构和功能便会受到影响。对嗜冷菌而言,当环境的温度超过最高生长温度时,便会抑制细胞中蛋白质的合成,并且会影响低温微生物细胞分裂的进行。

3.1.4.2 高温环境中的微生物

大多数微生物都会被高温杀死,但某些耐热微生物能在自然界中某些高温环境下生存。如在温泉、自燃的煤堆、深海地热区、火山周围的土壤和水中等,嗜热菌能在适合的条件下生存。能在高温下生存的耐热微生物有3类(图3-4)。

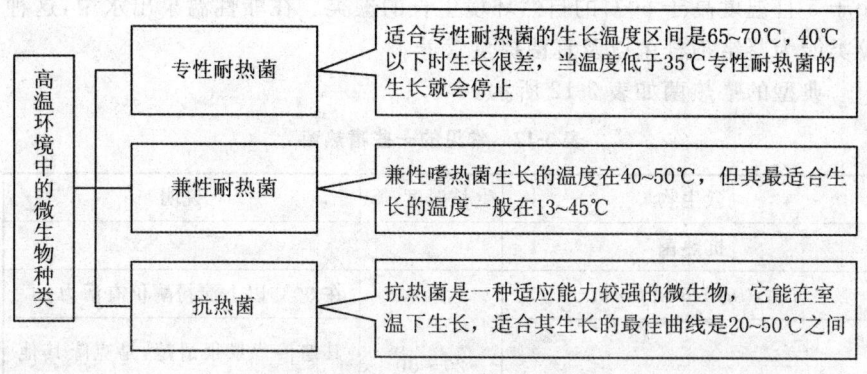

图3-4 高温环境中的微生物种类

温度不同,耐热菌的种类不同,常见的耐热菌包括细菌、真菌和藻类。细菌是耐热菌数量最多的。

嗜热微生物在高温条件下发育快速。代谢旺盛,酶促反应温度高,对热有良好的稳定性,其核糖体的抗热性也很强,具有热稳定性。嗜热菌对pH的要求呈两极状态,嗜酸嗜热种类的最适pH范围为1.5~4.0,其他类群pH范围为5.8~8.5,极端嗜碱菌的嗜热菌至今还尚未发现。

(1) 原核嗜热菌。能在高温条件下生长的原核微生物包括一些光合细菌、化能自养菌和化能异养菌。

在酸性温泉和有火山岩浆的土壤中广泛存在有兼性化能自养、嗜热嗜酸的酸热硫化叶菌。这种细菌在pH为0.5、温度为65~75℃条件下生长,最高生长温度为85~90℃。能利用元素硫作为能源物质,在酸性温泉中能把Fe^{2+}氧化成Fe^{3+},还能氧化有机硫化物,可用于细菌浸矿和处理石油及煤中含硫化物。在酸性温泉中,还存在有氧化硫硫杆菌、嗜热硫球菌、嗜热放线菌属以及具有芽孢、能氧化硫的嗜热硫杆菌。在中性的高温条件下,也有少数几种氧化硫的细菌生长。

许多异养菌也是嗜热菌,它们的最高生长温度在85℃左右,主要存在于堆肥等富含有机物的高温环境中,如栖热菌属。当环境中温度超过80℃时,存在的极端嗜热菌主要为古菌,如绝对厌氧的产甲烷菌詹氏甲烷球菌和炽热甲烷嗜热菌;能代谢硫的好氧和厌氧细菌,如硫化叶菌属和热原体属。

(2)真核嗜热菌。嗜热真菌多存在于堆肥、干草堆、谷仓和碎木堆等高温环境中。在蘑菇栽培中,嗜热真菌可以降解堆料中的各种多聚物,为蘑菇生长提供营养物。许多嗜热真菌可以降解塑料的增塑剂和聚乙烯。

$Cyanidium\ caldarium$ 是一种能耐高温的嗜热藻类,这是唯一能在 pH 小于 5 且温度高于 50℃ 的自然环境生长的藻类。在酸性温泉出水中,这种藻类能为凝结孢杆菌以及真菌提供营养。

典型的嗜热菌如表 3-12 所示。

表 3-12 常见的一些嗜热菌

微生物	生长温度/℃	说明
抗热菌		
$Bacillus\ licheniformis$	20~50	在 90℃ 以上淀粉酶仍有活力
$Bacillus\ sutilis$	20~50	其遗传背景很清楚,是克隆其他嗜热杆菌基因的良好宿主,兼性嗜热菌
$Bacillus\ coagulans$	30~60	L-乳酸的产生菌
$Streptomyces\ thermoviolaceus$	30~60	在 55℃ 以上可以产生抗生素
$Kluyveromyces\ marxianus$	25~50	在 48℃ 以下可以发酵的酵母菌
$Torula\ thermophila$	25~50	酵母菌
$Aspergillus\ fumigatus$	25~50	从堆肥中得到的真菌
$Melanocarpus\ albomyces$	25~50	从土壤中得到的真菌
专性嗜热菌		
$Bacillus\ stearothermophilus$	40~80	孢子热稳定
$Bacillus\ acidocaldarius$	40~80	耐热嗜酸菌
$Thermus\ aqaticus$	45~79	在基因放大过程中所用的 Tag 聚合酶
$Thermomonas\ sporachromogena$	37~65	在堆肥中常见的放线菌
$Mastigocladus\ laminosus$	35~64	蓝细菌
$Synechococcus\ lividus$	55~74	蓝细菌
$Mathanobacterium\ thermoautrophicum$	45~75	产甲烷

续表

微生物	生长温度/℃	说明
$Clostridium thermohydrosulfuricum$	40~68	厌氧菌
$Clostridium thermocellum$	40~68	在厌氧下降解纤维素
$Thermoanaerbium methanolicus$	35~78	在厌氧条件下产生乙醇
酸热菌		
$Sulfolobus acidocaldarius$	50~90	耐热嗜酸,氧化 S,在细菌浸矿中有潜在用途
$Thermothrix rhioparus$	55~85	氧化 S
$Desulfovibrio thermophilus$	50~85	SO_4^{2-} 还原菌
$Methanococcus jannaschii$	50~95	仅能利用 H_2 和 CO_2 产生甲烷
抗高压嗜热菌		
$Pyrodictium brockii$	80~110	在深海火山口分离的厌氧自养菌

目前,嗜热菌在环境科学领域已有了广泛的应用。在传统工业中,利用酵母菌发酵单糖和双糖产生乙醇。近年来,越来越多的工业开始用嗜热菌产生乙醇,因为在高温下能一边发酵一边对乙醇进行蒸馏,从而防止产物的抑制作用。同时,还有利于底物转化成产物,减少能量消耗。另一方面,在废物处理中,使用高温型的厌氧反应器不仅能把有机物较快地转化为 CH_4,减少固体废物停留时间,还可以增加工作负荷和改进工作效率,减少生物量,抑制致病菌和病毒的生长。另外,嗜热菌在降解有机固体废物以及冶金和煤脱硫中也起到了很大的积极作用。

3.1.4.3 强碱环境中的微生物

耐碱微生物在 pH=9 左右的条件下生长速率达到最大,在 pH≥10 时还能生长或生存,在 pH≤7 的情况下不能生长。这类微生物的最适生长环境是 pH 在 7 左右,将 pH 在 7 左右生长的微生物叫作抗碱微生物。

地球上高碱性的环境有石灰糊和沙漠,这些地方的 pH 在 10 左右;某些碱性的泉水、沙漠土壤和含有正在腐烂蛋白质的土壤也是碱性环境;此外还有许多人工造成的碱性环境。造成高 pH 的原因是富含有碳酸盐,所以在某些环境中的嗜碱菌还是嗜盐菌。

真正的嗜碱菌是芽孢杆菌属中的某些种,如坚强芽孢杆菌、球形芽孢杆菌、巴氏芽孢杆菌、泛酸芽孢杆菌、嗜碱芽孢杆菌和 $Bacillus rotans$,能在

pH 为 11 的条件下生长。某些嗜碱微生物能在 pH 为 13 的条件下生长,如念球织线蓝细菌,这是至今发现的能抗最高 pH 的微生物。近年来人们感兴趣的嗜碱菌还有某些嗜碱光合细菌,例如盐杆菌等,这些嗜碱或抗碱的微生物引起了人们的重视。

耐碱微生物用途比较广泛,在工业酶制剂和抗生物生产、污水处理和环境保护中都有应用。

3.1.4.4 强酸环境中的微生物

自然界的强酸环境有酸性温泉及其周围的高温土壤、废水煤堆及其排水、废铜矿及其排水、含硫酸盐工业废水及其周围土壤等。这些 pH 很低的酸性环境中也存在有一些耐酸性微生物的生长。

在低 pH 条件下生长的嗜酸微生物可以分为两大类群:

① 抗酸微生物。最适生长 pH 在 4~9,但能在强酸环境中生长或生存的微生物。

② 专性嗜酸微生物。专性嗜酸微生物必须在 pH≤3 的环境中才能生长。

嗜酸微生物有原核微生物和真核微生物两种。

(1) 嗜酸细菌。所有已知的、能支持微生物生长的极端酸性环境都含有 SO_4^{2-} 作为阴离子,并且这些环境中溶解的有机物浓度很低。石油工业排出的水中,在有氧条件下,氧化硫的细菌如阿托菌属和硫杆菌属可将 S^0 和 H_2S 氧化成 H_2SO_4,会严重腐蚀金属管道和其他设施;在其他的一些环境,形成的 SO_4^{2-} 可与 Fe^{2+} 形成 $FeSO_4$ 层,结果会影响土壤的排水。在酸性环境中首先出现的微生物是氧化 S^0 和 Fe^{2+} 的化能自养菌,当这些化能自养菌大量增殖后,在酸性环境中出现有机物,这时嗜酸的异养菌才会出现。极端酸性环境都含有高浓度的 SO_4^{2-},在这些环境中还存在有还原 SO_4^{2-} 的细菌。

(2) 嗜酸真核微生物。嗜酸微生物中既有原核微生物也有真核微生物。在酸性环境中生存的真核微生物有酵母菌、霉菌、藻类等。其中,嗜酸酵母如椭圆酵母、点滴酵母和酿酒酵母可分别在 pH 为 2.5、2.0 和 1.9 的环境中生长。在 pH 为 2.0 左右的废铜矿中可以分离到红酵母。在酸性温泉中分离到的 *Cyanidiumcaldarium*,最适生长 pH 在 2~3,在 pH 为 5 以上时便会停止生长,但仍可以在 pH 达到 7 时进行光合作用。

如表 3-13 所示为一些嗜酸微生物及其生活的环境。

第3章 环境中的微生物及其在物质循环中的作用

表 3-13 一些嗜酸微生物及其生活的环境

菌名	生活环境
化能自养菌	
Fe(Ⅱ)氧化菌	
T. ferrooxidans(嗜中温菌)	黄铁矿环境
Fe(Ⅱ)和 S⁰ 氧化菌	
T. ferrooxidans(嗜中温菌)	黄铁矿环境
S. acidocaldarius(嗜热菌)	地热地区
S⁰ 氧化菌	
Thiobacillus sp.(嗜中温菌)	
Thiomicrospora(嗜中温菌)	
异氧菌	
A. coyptum(嗜中温菌)	与 *T. ferrooxidans* 培养物有关
Th. acidophilum(嗜中温菌)	煤排出物
B. acidocaldarius(嗜热菌)	含 S⁰ 的温泉

3.1.4.5 高压环境中的微生物

高压环境存在于海洋、湖泊、深油井、地下煤矿和某些工业加压设备中。在海洋中，每加深 10 m 就要增加 $1.01×10^5$ Pa。在海洋中高压还伴随着低温（温度仅在 0℃ 左右）。陆地深度每增加 1 m，压力便增加 $1.01×10^4$ Pa，而温度却随着深度增加而提高，平均为每米增加 0.014℃。

高压对多数微生物有害，但也有微生物能在高压下生长。例如，在深海中存在一种假单胞菌（*Pseudomonas bathycete*）可以在 $1.01×10^8$ Pa、3℃ 下生长，不过生长非常缓慢。在 3 500 m 以下的油井中存在一种嗜压耐热的硫酸盐还原菌，这种菌可以在 $4.05×10^7$ Pa、60～105℃ 下生长。抗高压微生物可以用于石油开采。

微生物抗高压的能力受许多环境因素的影响：

①受能源物质的影响。例如，在 25～30℃ 条件下，同型乳酸发酵粪链球菌培养在蛋白胨-酵母膏培养基上时，如果利用丙酮酸作为能源物质，在压力高于 $2.02×10^7$ Pa 时，就不能生长；用核糖作为能源物质，可以在大于 $4.56×10^7$ Pa 条件下生长；如果以葡萄糖、半乳糖、麦芽糖或乳糖作为能源

物质,可在 5.57×10^7 Pa 条件下生长;如果在此培养基中补充 50 mmol/LMg^{2+} 或 Ca^{2+},那么这种菌可以在 7.60×10^7 Pa 条件下生长。

②受无机盐的影响。如 NaCl 可以有效地提高海产弧菌和其他微生物抗高压的能力。

③生长温度的变化对微生物抗高压的能力也有显著的影响。在通常情况下,在稍高于某种微生物最适生长温度时,那么这种菌抗高压能力最大。

④pH 和离子强度也会影响微生物抗高压的能力。

⑤压力可以影响培养基中的 pH。因为压力可以影响许多物质解离反应,所以压力增加时 pH 便发生变化。压力可以明显地加强酸和碱对微生物的抑制效应。

3.2 微生物在物质循环中的作用

微生物就是将自然界中有机物质无机化的执行者。

3.2.1 微生物与氧循环

氧在地球环境中扮演重要角色,氧的产生和积累是地球上影响最深远的生物地球化学转变。大气中氧的含量最为丰富,在空气中大约占 21%(体积分数)。大自然中一切生物的生命活动都需要氧。而这些氧都是由生物圈内植物和藻类的光合作用所提供的。氧在水体的垂直方向分布不均匀。在夏季温暖地区的水体发生分层,温暖而密度小的表层水和寒冷而密度大的底层水分开,底层缺氧。秋末初冬时,表层水比较冷,比底层水重,水发生"翻底",如图 3-5 所示。温暖地区湖泊的氧一年四季有周期性变化。

矿物和岩石沉积物中的氧是很大但不活跃的氧"库",在活跃的循环源中主要是分子氧(大气和溶解性的)和水。硝酸盐是一个小的,快速循环的氧源。硫酸盐和氧化铁、氧化锰的氧量是足够大的,但循环相当慢。活的和死的有机物的氧构成一个相应小的但积极循环的氧源。

大气中的氧最初主要来源于水,光合作用时水被光解。呼吸作用把氧从大气中去除,产生 CO_2,同时重新形成光合作用中被光解的水。分子氧在生境中的存在或缺乏决定着生境中的代谢类型。氧对严格的厌氧菌具有抑制作用。在有氧条件下微生物可以从对有机物的氧化中(用氧作为末端电子受体)取得比发酵有机物多得多的能量。例如,一个分子葡萄糖好氧代谢得到 685 kcal(2 881 kJ)的能量,而发酵仅得 50 kcal(210 kJ)的能量。

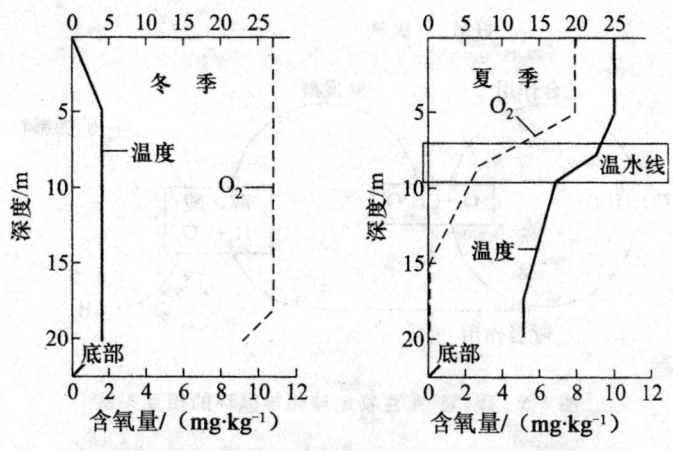

图 3-5　冬季和夏季湖泊水含氧量及温度分布情况

在某些生境中,随着耗氧和产氧过程的变化,好氧和厌氧的状况可以发生改变。微生物对有机化合物的降解时对氧的利用可消耗那里的分子氧,同时又不能得到补充,这时这种生境就会成为一种缺氧状态。当氧被耗尽时,接着就会开始氧化性锰、硝酸盐、三价铁硫酸盐的还原。如果这种电子受体不被利用或耗尽,发酵代谢和产甲烷过程就成了此时的唯一的代谢选择。通过氧的扩散,厌氧环境也可以转变成好氧环境。沉积物和土壤中的土生蚯蚓和其他打洞动物的扰动有助于氧的扩散。植物、藻类和蓝细菌的光合作用产生的分子氧的扩散有利于这种转变。植物光合作用产生的氧还可以通过植物根进入土壤。

矿物燃料的燃烧消耗氧并产生 CO_2,因而对大气中 O_2 和 CO_2 的浓度都产生影响。但由于氧库的量大(21%的大气),其对数量相对较大的氧库是可以忽略的效应。有人估测即使所有的矿物燃料燃烧也只能减少 3%的氧含量。然而同样的过程却可以对小的大气 CO_2 库(0.03%的大气)产生影响,大气 CO_2 含量的相对增加会加剧温室效应,这已成一个全球性的环境问题。

碳、氢和氧的循环密切相关,主要发生在光合作用、发酵和呼吸这 3 个过程中(图 3-6)。提供 C、H、O 的 CO_2、H_2O 和 O_2 积极参与到循环中去,然而它们不同的库体积导致很不同的转换速率(图 3-7)。根据库的体积和利用速率,一个大气 CO_2 分子每 300 年或少于 300 年有一次通过光合作用被同化的机会,一个大气氧分子每 2 000 年有一次被呼吸的机会,而每个水分子每 2 000 000 年有一次被光合作用裂解的机会。这样光合作用或呼吸作用的总体速率的改变对 CO_2 的影响比对大气 O_2 或水的影响更直接、更富有戏剧性。

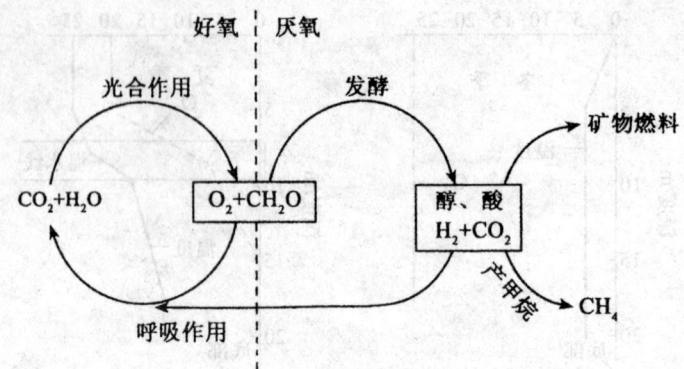

图 3-6　碳、氢、氧生物地球化学循环的相互关系

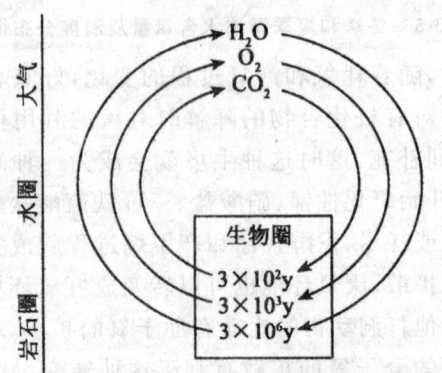

图 3-7　H_2O、CO_2 和 O_2 的循环速率比较

3.2.2　微生物与碳循环

碳素是细胞结构的骨架物质,是生物体最重要的一种组成元素。植物组织及微生物细胞所含碳素约占细胞干质量的 40%～50%。自然界中的碳元素有还原态形式,如甲烷(CH_4)和各种有机物等,也有氧化态形式,如 CO_2 等。

含碳物质有二氧化碳、一氧化碳、甲烷、糖类、脂肪和蛋白质等。在碳素的基本循环过程中,气态的 CO_2 可以被光能自养和化能自养微生物固定。CO_2 被植物、藻类利用进行光合作用,合成植物性碳,动物摄食植物将植物性碳转化为动物性碳。动植物与人类之间的碳循环如图 3-8 所示。

第3章 环境中的微生物及其在物质循环中的作用

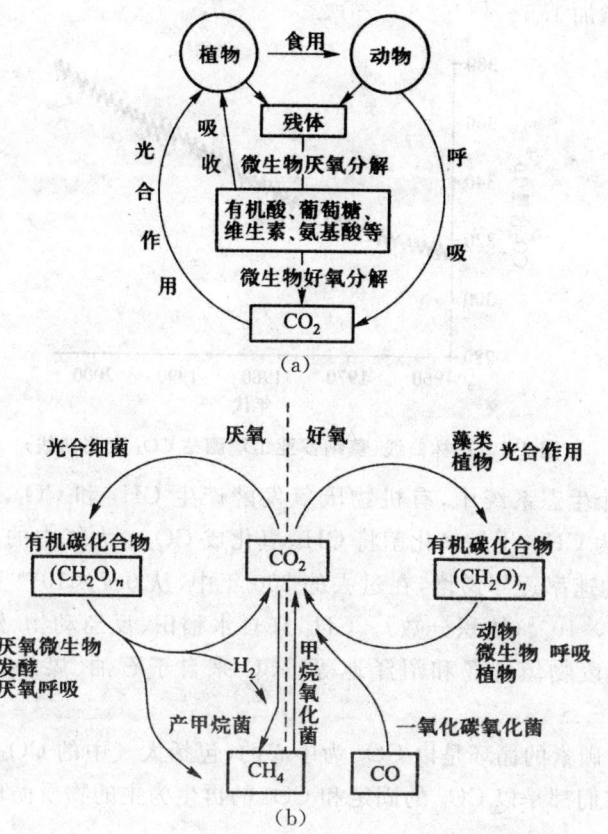

图 3-8 碳循环
(a)碳在食物链中循环；(b)碳在水体、陆地和大气中循环

CO_2 是植物、藻类和光合细菌的唯一碳源,若以大气中 CO_2 的含量为 0.032% 计算,其储藏量约有 $6\,000×10^8$ t,全球(陆地、海洋、河流、湖泊)植物每年消耗大气中 CO_2 约 $600×10^8 \sim 700×10^8$ t,10 年就可将大气中 CO_2 用尽。由于人、动物呼吸及微生物分解有机物产生大量 CO_2,源源不断补充至大气。海洋、陆地、大气和生物圈之间碳长期自然交换的结果,使大气中的 CO_2 保持相对平衡、稳定。因此,在过去的 10 000 年里,CO_2 含量变化极小,持续维持在 $280×10^{-6}$ 左右。自 18 世纪工业革命以来,由于石油和煤燃烧量日益增加,排放的 CO_2 等温室气体正在大幅度增加,因而使大气圈中 CO_2 含量逐年增加,见图 3-9。以 CO_2 为代表的温室气体的大量排放,导致了全球性的"温室效应",并由此引发了一系列环境问题,对人类的生产和生活造成了很大的影响。由于 CO_2 含量的持续增高,20 世纪地球表面温度上升了 $0.3 \sim 0.6℃$,海平面上升 $10 \sim 25$ cm。到 21 世纪中叶,全

球温度将增加 1.5~4℃。

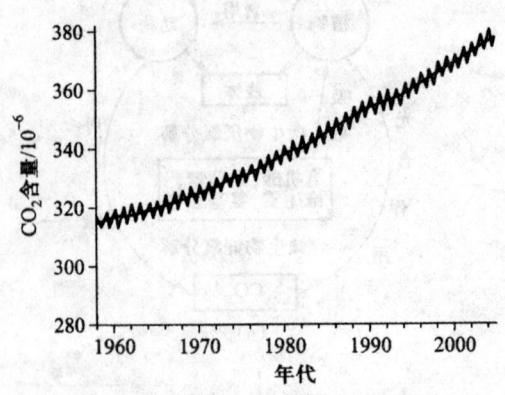

图 3-9 基林曲线（莫纳罗亚山观测站 CO_2 变化曲线）

在整个生态系统中,有机物厌氧发酵产生 CH_4 和 CO_2,产甲烷菌将 CO_2 转化为 CH_4,甲烷氧化菌将 CH_4 氧化成 CO_2。大气中的 CH_4 含量以大约 1‰ 的速率逐年递增,在过去的 300 年中,从 $0.7×10^{-6}$ 上升到 $1.6×10^{-6}$~$1.7×10^{-6}$(体积分数)。CH_4 来自水稻田、反刍动物、煤矿、污水处理厂、垃圾废物填埋场和沼泽地等。CO 来自于石油、煤的燃烧、汽车尾气等。

总之,碳素的循环是以 CO_2 为中心的,包括大气中的 CO_2 和水中溶解的 CO_2,它们都是以 CO_2 的固定和 CO_2 的再生为主的物质循环。

3.2.3 微生物与氮循环

自然界中微生物参与氮素循环过程包括脱氮作用、固氮作用、硝化作用、反硝化作用以及氨化作用,如图 3-10 所示。大气中的分子氮可以被固定成氨,氨溶于水生成 NH_4^+ 可以被植物吸收,这样无机氮就转化成了植物蛋白。植物被动物食用后转化为动物蛋白。动物和植物的尸体及人和动物的排泄物又被氨化细菌转化为氨,无机氮和有机氮就是这样循环往复。

随着科学研究的不断深入与发展,人们对微生物在氮循环中的作用有了新的认识和了解。在污水和垃圾渗滤液等生物处理的研究课题中发现,氮的总量损失为 10%~20%、NH_4^+ 和 NHO_2 同时消失的现象。进一步实验研究表明,此现象的发生是由于系统中有一类被称为厌氧氨氧化菌的存在所致,它们是以 CO_2 为唯一碳源的化能自养菌(因为其培养物往往呈红色,俗称"红菌")。它们能在海底沉积物中的厌氧条件下,直接将 NH_4^+ 转化为 N_2($NH_4^+ + NO_2^- \rightarrow N_2 + 2H_2O$)。所产生的 N_2 产量占海洋 N_2 产量的

30%～50%。

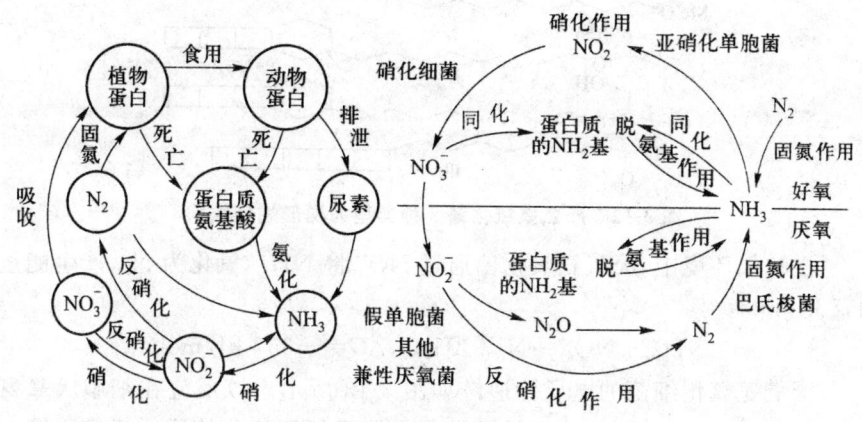

图 3-10 氮循环

下面重点分析厌氧氨氧化脱氮。

现已得知，厌氧氨氧化菌广泛存在于海洋、河流和湖泊的底泥，以及土壤等环境中，它们对全球氮循环，对海洋、河流和湖泊的底泥，以及土壤等环境的修复都具有重要意义，也是污水处理中重要的细菌。厌氧氨氧化菌以亚硝酸为电子受体、以氨为电子供体的生物化学反应，在高浓度氨氮废水处理方面具有巨大的潜力而备受关注，它们与固氮菌、硝化细菌和传统的反硝化细菌构成了水体氮循环的主体菌，如图 3-11 所示。

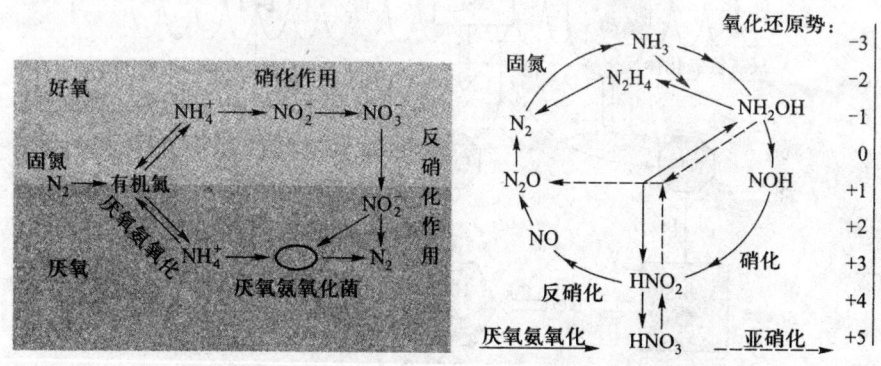

图 3-11 厌氧氨氧化菌参与的水体氮循环

厌氧氨氧化菌的形态呈球形，其细胞内膜结构复杂，细胞壁中含有糖蛋白而不含胞壁质。其体内含有囊状的厌氧氨氧化体，含有联氨脱氢酶、羟胺氧化还原酶、亚硝酸还原酶、联氨氧化酶和联氨水解酶等。厌氧氨氧化体的膜脂具有特殊的梯形烷酯结构，如图 3-12 所示。这种结构可以阻止肼外泄，避免肼毒害细胞。

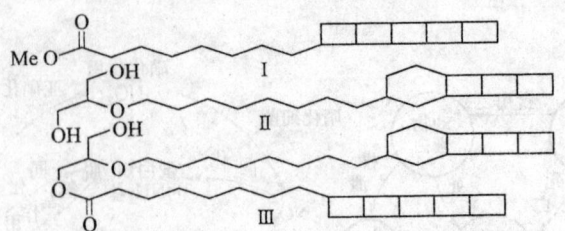

图 3-12 厌氧氨氧化菌 3 种典型的梯形烷酯结构

在缺氧环境中,厌氧氨氧化菌通过 NO_2^- 将 NH_4^+ 氧化为 N_2,产生能量 357 kJ/mol:

$$NH_4^+ + NO_2^- \rightarrow N_2 + 2H_2O, \Delta G = -357 \text{ kJ/mol}$$

厌氧氨氧化细菌的电子传递链如图 3-13 所示。该反应在细胞厌氧氨氧化体内部发生,并创建一个质子梯度穿越厌氧氨氧化体膜。反应的第一步是依靠亚硝酸盐还原酶将 NO_2^- 还原为 NO,然后再依靠联氨水解酶将铵离子与 NO 结合,形成联氨。这两个反应需要细胞色素 C 提供所需的电子。反应的最后一步是依靠联氨/羟氨氧化还原酶把联氨氧化为 N_2。

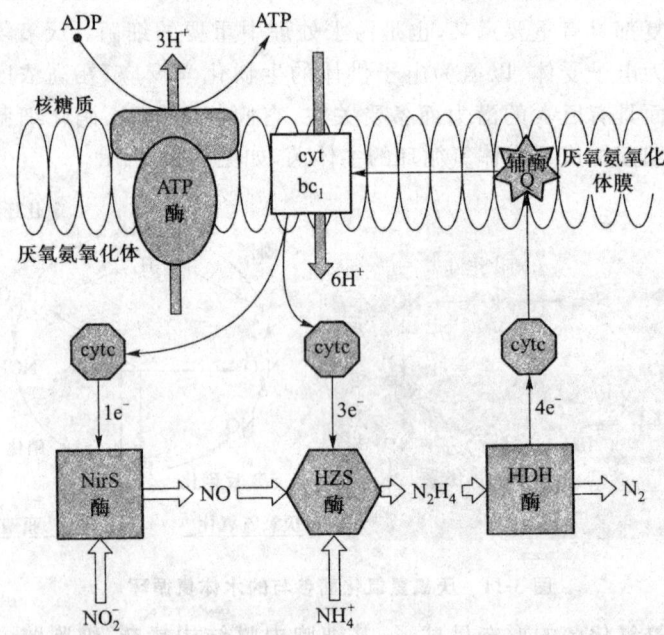

图 3-13 厌氧氨氧化细菌的电子传递链的示意图
Q—辅酶;NirS—硝酸盐还原酶;HZS—联氨水解酶;HDH—联氨/羟氨氧化还原酶

CO_2 是厌氧氨氧化菌合成细胞所需的碳源,可能是通过乙酰辅酶 A 途径固定 CO_2。厌氧氨氧化脱氮的代谢途径如图 3-14 所示。

第3章 环境中的微生物及其在物质循环中的作用

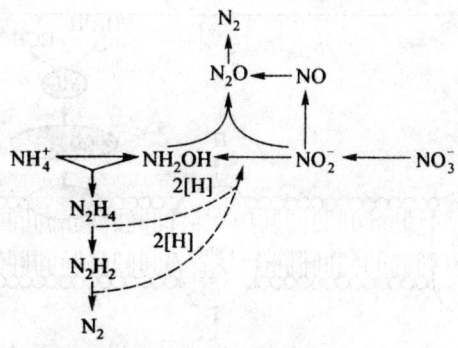

图 3-14　厌氧氨氧化脱氮的代谢途径

厌氧氨氧化的可能反应机制及酶系统在细胞中的位置如图 3-15 所示。

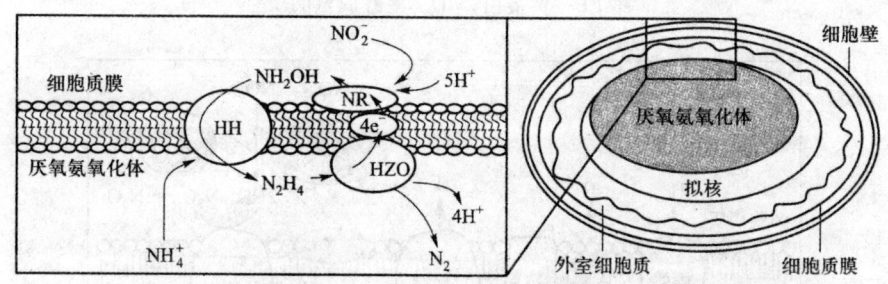

图 3-15　厌氧氨氧化的可能反应机制及酶系统在细胞中的位置
NR—硝酸还原酶；HH—联氨水解酶；HZO—联氨氧化酶

另外，好氧反硝化菌在溶解氧为 5~6 mg/L 都能进行反硝化作用。有的好氧反硝化菌同时存在 M-Nar（膜结合硝酸盐还原酶）和 P-Nar（位于周质的硝酸盐还原酶），当 M-Nar 受氧抑制时，P-Nar 继续发挥作用，仍具有硝化还原作用。好氧反硝化作用的代谢途径虽然尚未完全清楚，由于众人对脱氮副球菌的关注，研究较多，较为深入，它在有氧条件时的电子传递链和厌氧电子传递链如图 3-16 和图 3-17 所示。由图可以看出，脱氮副球菌在有氧条件时的电子传递链在细胞色素 C 水平上甲醇作为电子供体，氧为电子受体，最终产物为 H_2O；脱氮副球菌在厌氧条件，由 4 种不同还原酶共同作用下，将硝酸盐还原为 N_2。

图 3-18 显示了好氧反硝化菌的反硝化作用过程，细胞色素 C 受到 O_2 的抑制，出现"瓶颈"，没有将有机物提供的电子传递给 O_2，而传递给 NO_3^- 进行反硝化，NO_3^- 被还原为 N_2。

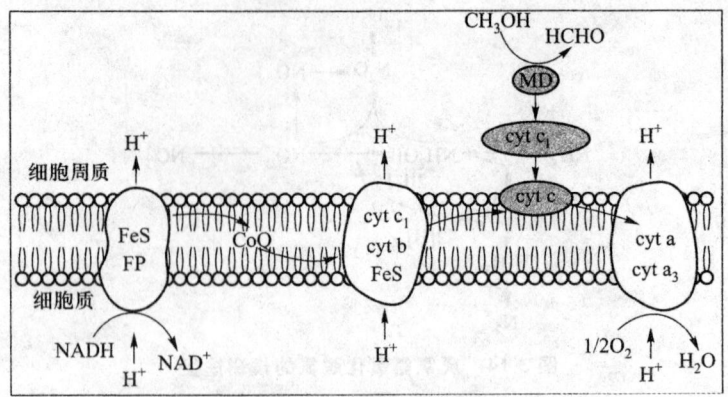

图 3-16 脱氮副球菌在有氧条件时的电子传递
FP—黄蛋白；MD—甲醇脱氢酶

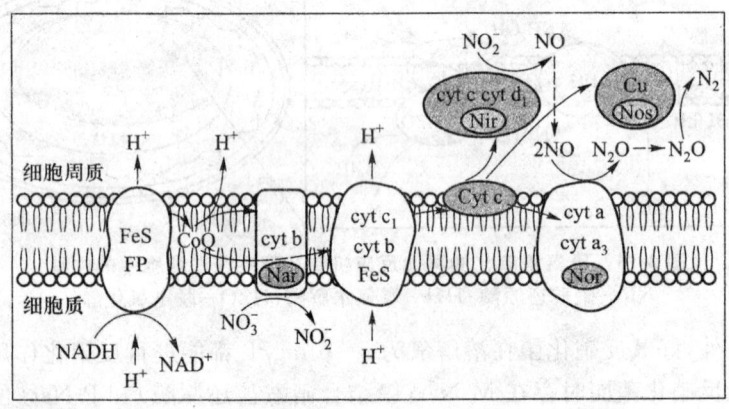

图 3-17 脱氮副球菌高度分支的厌氧电子传递
FP—黄蛋白；Nar—硝酸盐还原酶；Nir—亚硝酸盐还原酶；
Nor—硝基氧化还原酶；Nos—亚硝酸氧化还原酶

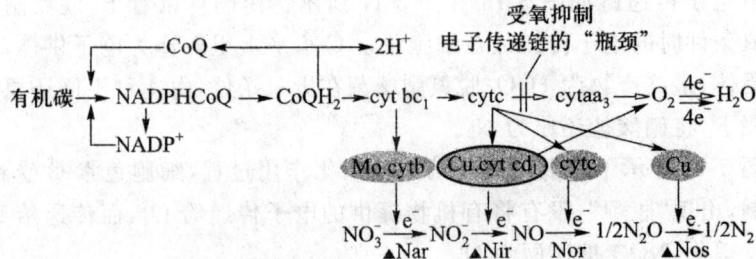

图 3-18 好氧反硝化菌的反硝化作用过程及代谢的综合示意图
（Cu 和 cyt cd_1 为双功能酶）

第3章 环境中的微生物及其在物质循环中的作用

反硝化作用通常有3种结果。

①大多数细菌、放线菌及真菌利用硝酸盐为氮素营养,通过硝酸还原酶的作用将硝酸还原成氨,进而合成氨基酸、蛋白质和其他含氮物质。

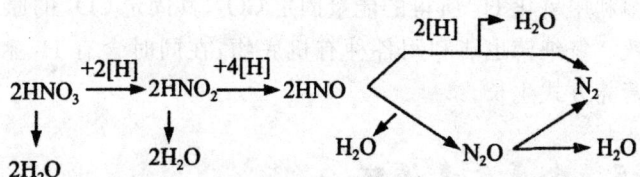

②反硝化细菌(兼性厌氧菌)在厌氧条件下,将硝酸还原为氮气。

③硝酸盐还原为亚硝酸。

$$HNO_3 + 2[H] \longrightarrow HNO_2 + H_2O$$

微生物作为生态系统中的重要组成部分,在自然界营养物质循环中有着举足轻重的地位。除了上面所阐述的有关厌氧和好氧菌的硝化与反硝化作用外,微生物在氮循环中还起着固氮、氨化尿素、蛋白质水解等作用。

3.2.4 微生物与氢循环

最大的全球性氢源是水。水通过光合作用和呼吸作用而活跃循环,光合作用中被光解的水成为供氢体。水的储量巨大,循环的速率相当慢。束缚在岩石晶格中的水不能活跃循环,大量的不活跃氢源是液态和气态的燃料烃。有机物和生命物质是相应小的活跃循环的氢源。游离的氢气仅存于厌氧环境。

在异型蓝细菌和根瘤菌豆科植物共生体中有光合作用和固氮两种系统,两种系统部分或完全不耦联会导致分子氢的释放,根瘤菌——豆科植物共生体在野外的农业条件下能释放出大量的 H_2,但重要的氢循环过程光合作用和呼吸不会导致氢的放出。

生态环境中产生的氢大部分用于还原 NO_3^-、SO_4^{2-}、Fe^{3+}、Mn^{4+} 及 CH_4。H_2 从氧化性土壤或沉积层中放出,即被代谢成水,小部分进入大气。土壤可以吸收 H_2,成为 H_2 的净储库。进入大气的 H_2 可以不受地球引力影响而进入外层空间。

氢利用微生物是兼性化能无机营养氢细菌,反应式如下:

$$H_2 + \frac{1}{2}O_2 \longrightarrow H_2O$$

最有效的氢细菌属于产碱菌,这些细菌除了膜结合氢化酶,还会有溶解性 NAD——连接氢化酶,而属于假单胞菌属、副球菌属(*Paracocus*)、黄色杆菌属、诺卡氏菌属和固氮螺菌属的氢细菌仅含有膜结合氢化酶,它们以较慢的速率生长。氢利用的总反应式:

$$6H_2 + 2O_2 + 2CO_2 \longrightarrow [CH_2O] + 5H_2O$$

氢细菌利用氧化 H_2 所得的能量固定 CO_2,其固定 CO_2 的原理与藻类、植物相一致。氢细菌也能利用各种有机底物,在同时含有 H_2 和有机底物时以混合营养方式生长。

3.2.5 金属元素循环

铁和锰是生物体必需的微量元素,所有的微生物都会利用一定低浓度的微量金属元素作为必需元素参与自身的生理功能。此外,一些原核微生物还可以利用一些变价金属元素来作为电子受体或供体参与能量代谢。尽管铁和锰等微量金属元素对于维持生物体的生命活动有着重要意义,但是如果数量过大,将会引起严重的环境污染,影响人们的生产生活和身体健康。

汞是地壳中相当稀少的一种元素,在自然界中以纯金属的状态存在的汞占极少数。多数以 HgS、氯硫汞矿、硫锑汞矿的矿物形式存在,这也是汞最常见的矿藏。

3.2.5.1 铁循环

铁是变价元素,在地壳中的含量极其丰富,主要以二价和三价的形式在自然界存在,但是其中只有一小部分参与自然界中铁元素的循环。铁的循环主要是指不溶性高铁离子(Fe^{3+})与可溶性亚铁粒子(Fe^{2+})间进行的氧化还原反应,如图 3-19 所示。

二价铁离子可以被铁细菌氧化为三价铁,锈色嘉利翁氏菌就是一种典型的铁细菌。锈色嘉利翁氏菌极其好氧,仅以二价铁离子作电子供体,化能自养,通过卡尔文循环同化 CO_2。在寡营养的含铁水中,最适合的 E_h 为 $+200\sim+300$ mV,需要 O_2 的质量分数约为 1%,温度为 17℃ 或更低,在 pH 为 6 时 Fe^{2+} 稳定。锈色嘉利翁氏菌在水体和给水系统中形成大块氢氧化铁,其化学反应式如下:

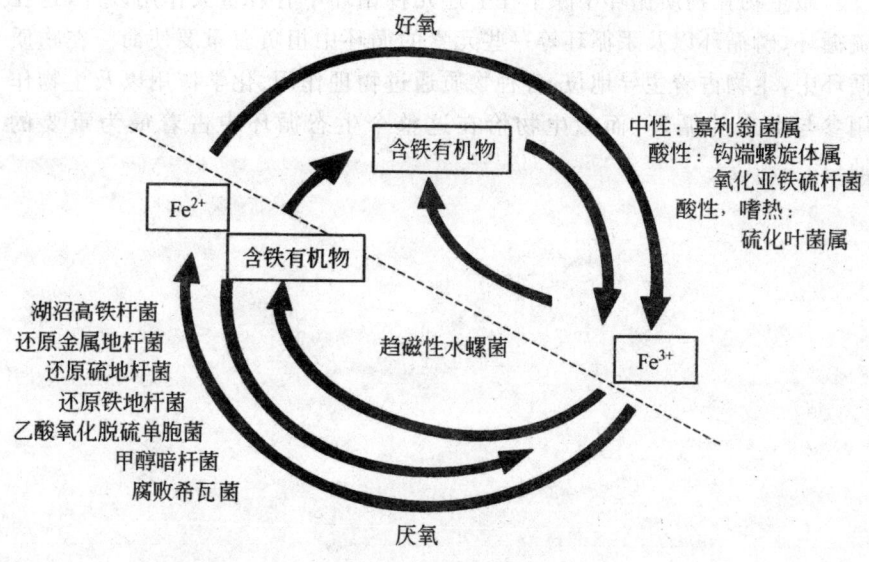

图 3-19 铁的循环

$$2FeSO_4 + 3H_2O + 2CaCO_3 + 0.5O_2 \rightarrow 2Fe(OH)_3 + 2CaSO_4 + 2CO_2$$
$$4FeCO_3 + 6H_2O + O_2 \rightarrow 4Fe(OH)_3 + 4CO_2 + 能量$$

3.2.5.2 锰循环

锰循环如图 3-20 所示。自然环境中锰的主要形式是 Mn^{2+}、Mn^{4+}、Mn^{7+}。氧化锰的细菌中能氧化铁的有共生生金菌和覆盖生金菌,还有土微菌属。它们能将氧化的锰铁产物积累、包裹在细胞表面或积累于细胞内。它们与真菌共生培养很容易生长,在液体中呈笔直的丝状体,在黏液培养基中呈不规则的弯曲。

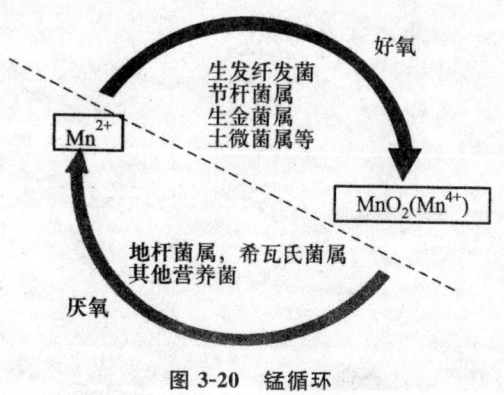

图 3-20 锰循环

▶微生物与环境的互作及新技术研究

　　微生物在物质循环中除了在上述几种循环中有着重大作用以外,还在硫循环、磷循环以及汞循环等一些元素的循环中担负着重要使命。在物质循环中,生物占着主导地位,各种物质通过物理作用、化学作用以及生物作用参与生态的循环,而微生物恰在这整个生态循环中占着最为重要的地位。

第4章　微生物对环境的污染与危害

微生物是环境中不可或缺的,它对生物界有利的同时,它对环境的危害也不容小觑。大气、水体、土壤和食品中对人和生物界有害的微生物,可以直接影响生物产量和质量,危害人类健康,这种污染称为微生物污染。根据微生物危害方式的不同,则可分为水体富营养化、微生物代谢产物污染、病原微生物污染等。

4.1　水体富营养化

所谓水体富营养化(eutrophication),具体指的是大量的含有氮、磷等元素的营养物质进入水系,而这些营养物质刚好是水体中的藻类和浮游生物所需的,这就导致水体中的藻类和浮游生物的迅速繁殖,打破了水体生态系统的平衡。

我国湖泊众多,据初步统计大于 50 km² 的湖泊有 200 多个,湖泊是我国居民生活用水、工业用水、灌溉用水、畜牧用水的重要来源。湖泊对人类生产和生活影响最大,所以我们研究和治理最多的是湖泊水体的富营养化。

4.1.1　富营养化概述

水体从贫营养向富营养的发展是一个自然、缓慢的发展过程。由于某种因素,特别是人类的活动,使营养物质随着排入的污染物质的增加,造成水体中藻类过量繁殖,水体出现富营养化。近年来,水体富营养化日益加重。一般在水体中的磷达到 20 mg/m³、无机氮达到 300 mg/m³ 以上时,水体便会出现富营养化,表 4-1 列出了相关数据。

表 4-1　水域营养状态的分类

营养状态	总磷/(mg/L)	无机氮/(mg/L)
极贫营养	<0.005	<0.2
贫-中营养	0.005~0.01	0.20~0.40
中营养	0.01~0.03	0.3~0.65
中-富营养	0.03~0.1	0.5~1.5
富营养	>0.1	>1.5

在贫营养化到中营养化的水中,氮和磷是藻类生长的限制因子,当氮达到 0.3 mg/L 以上、磷达到 0.02 mg/L 以上时,最适合藻类的生长。湖泊的营养化除了与水体内的营养盐浓度有关外,还与水温和营养盐负荷有关。表 4-2 列出了湖泊营养盐的容许负荷和危险负荷。

表 4-2　湖泊的氮、磷负荷

平均水深/m	容许负荷/[g/(m²·a)]		危险负荷/[g/(m²·a)]	
	N	P	N	P
5	1.0	0.07	2.0	0.10
10	1.5	0.10	3.0	0.20
50	4.0	0.25	8.0	0.50
100	6.0	0.40	12.0	0.80
150	7.5	0.50	15.0	1.00
200	9.0	0.60	18.0	1.20

水体富营养化和水体自净反映了水体中微生物群落的组成和生态平衡状态。水的洁净程度与水中的细菌个数有关,水体中每毫升的细菌总数 10~100 个,为极洁净的水;100~1 000 个为洁净的水;1 000~10 000 个,为不太清洁的水;10 000~100 000 个,为不清洁的水;大于 100 000,为极不清洁的水。我国的生活饮水水质标准如表 4-3 所示。

表 4-3 不同用途水质的微生物标准

标准名称	项目	标准值
生活饮用水卫生标准	细菌总数/(个/ml)	≤100
	总大肠菌群/(个/L)	≤3
生活饮用水源水质标准	总大肠菌群/(个/L)	一级≤1 000
		二级≤10 000
饮用天然矿泉水	细菌总数/(CFU/ml)	<5
	大肠菌群/(个/100ml)	0
地表水环境质量标准	粪大肠菌群/(个/L)	Ⅰ≤200、Ⅱ≤1 000、Ⅲ≤2 000、Ⅳ≤5 000、Ⅴ≤10 000
地下水质量标准	细菌总数/(个/ml)	Ⅰ~Ⅲ≤100、Ⅳ≤1 000、Ⅴ>1 000
	总大肠菌群/(个/L)	Ⅰ~Ⅲ≤3、Ⅳ≤100、Ⅴ>100
海水水质标准	大肠菌群/(个/L)	≤10 000 供人生食的贝类增养殖水质≤700
	粪大肠菌群/(个/L)	≤20 000 供人生食的贝类增养殖水质≤140
景观娱乐用水水质标准	总大肠菌群/(个/L)	A类≤10 000
	粪大肠菌群/(个/L)	A类≤2 000
渔业水质标准	总大肠菌群/(个/L)	不超过5 000

4.1.2 富营养化的防治

富营养化危害重大,必须采取措施加以控制,保持生态系统处于良性循环。湖泊富营养化防治对策的制定是一个繁杂的工作,需要弄清湖泊水体中浮游植物生长的重要支配因子——氮、磷化合物的来源和污染量,湖泊自然影响因素,湖泊的自净容量等基本状况,然后才可能确定防治富营养化的有效管理措施,以及对已富营养化湖泊的治理方法。

4.1.2.1 湖泊基本情况的调查

湖泊基本情况应着重考查:湖泊的封闭性,输入水源的水质水量、湖水输出量及代换率和所在地区地形、地质特点等;了解湖水所处地区的社会结构和湖水利用途径等。

4.1.2.2 污染源调查

湖泊富营养化的过程不仅受其所处地区自然条件影响,而且受流域社会结构的影响。在某种意义上,人类活动可能是当代湖泊富营养化最重要的形成因素。其污染源大致可分为点源和面源两类。因此,确定各类污染源对湖泊水体氮、磷化合物的贡献是非常重要的。它有利于找出水体主要污染源和控制对象,有利于防止湖泊富营养化和治理措施的制定。

4.1.2.3 湖泊的自净容量

湖泊的自净容量是指水体在不降低水体功能的情况下所能接收污染物的最大量,也就是在单位时间内靠湖泊自身的物理、化学和生物作用所能净化的污染物的最大量。

了解湖泊自净容量不仅可通过控制污染物的排入量防止水体污染、功能降低,而且可使废水处理费用处于最合理水平。对清洁水体可以直接通过实验研究确定其自净容量;但是对已经污染的湖泊,必须使用模拟试验系统,使其水质经净化达到某种标准后,再进行自净容量研究,确定其纳污量。

但是,不管哪种水体在进行自净容量的实验研究中,都必须充分考虑水体特征和环境因素(如水温、光照强度和风力等)对水体自净作用的影响。

4.1.2.4 湖泊富营养化的防治

首先,必须从源头控制。控制过多的营养物质(主要是磷和氮)进入水体。

其次,要控制藻类的生长。例如,通过机械的方式搅乱分层或向下层水域强力通入大量空气以满足下层水域生物的生长,其效果相当显著。

最后,对于富营养化水体,也可采取疏浚底泥、深层排水的工程措施,去除水草和藻类,改善湖底淤积状况,引入低营养水稀释和实行人工曝气等措施。当然设法利用富营养水体中的营养是十分可取的。

4.2 微生物代谢物对环境的污染

微生物细胞在其生命过程中,不断地从外部环境中吸收所需要的各种营养成分,通过新陈代谢,为细胞的生理活动提供能量,其能量和代谢关系如图 4-1 所示,同时也合成自身的细胞物质,以保证微生物细胞正常生长与繁殖,并将代谢活动产生的废弃物排出体外。

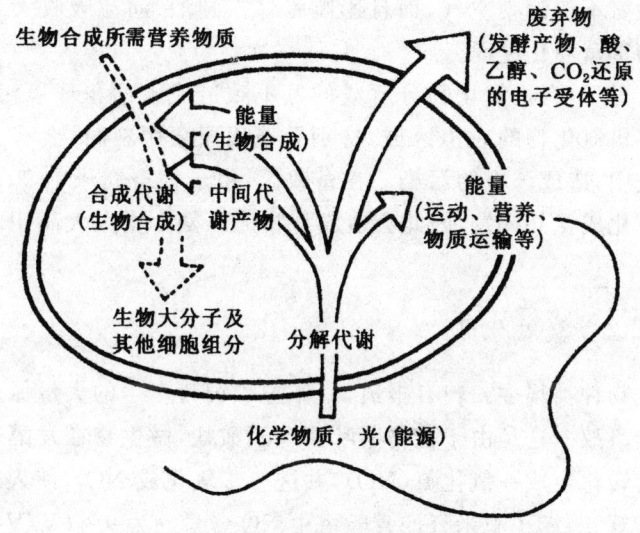

图 4-1 能量与代谢关系图
(引自沈萍. 微生物学. 高等教育出版社,2002)

随着工农业的发展,排放进自然界的化学物质种类和数量急剧增加,其中绝大部分物质进入环境后,在物理、化学和生物的综合作用下,特别是在微生物的作用下最终彻底分解,不会对环境造成危害。但在一些特定条件下,某些微生物的代谢物会对环境造成污染,这类物质主要包括 3 类。

①易为其他微生物所利用的物质,在特定条件下可能大量积累,造成对环境的污染。如氨根、硝酸根离子等。

②有些微生物代谢转化的特殊化合物,对人类或其他高等生物具有毒性。如硫化氢、甲基汞、细菌毒素等。

③有些微生物代谢过程中生成致癌、致畸、致突变物,它们长时间、低剂量作用于人群,构成了对人体健康严重的潜在威胁。本部分将主要讨论这些一般及特殊的污染物在环境中产生与积累的微生物学过程等。

4.2.1 微生物代谢产物对环境的污染

自然界中的微生物对环境并不都是有益的,有些微生物及其代谢产物都能引起环境的污染和破坏,对人类产生危害。

4.2.1.1 氨

大气中的氨几乎全部由水体和土壤中的异养微生物产生,主要为氨态氮。大量的氨不仅污染空气,而且影响水体。湖泊、河流吸收大量氨后加剧了水体的富营养化过程。

通常情况下,有机氮化物分解成的氨不致造成大面积环境污染,但在大量施用有机氮化物的农田区域,特别是施用尿素肥料时,会有大量的氨挥发到空气中,造成环境的污染。在畜牧区,由于牲畜粪尿中90%的氮素可以迅速转化成氨并挥发,因此会造成畜牧地区氨含量大大高于临近的非畜牧区。

4.2.1.2 氮氧化物

氮氧化物种类很多。曾有报道,制作青贮饲料产生的大量氮氧化物导致人中毒的事故。这是由于植物茎叶富含硝酸盐,微生物在发酵初期将过量的硝酸盐转化生成一氧化氮(NO),并进一步氧化成 NO_2,使人中毒甚至死亡。据计算,装满了玉米秆的青贮塔中 NO 含量约为 9%(V/V);如果贮存是玉米棒及玉米包皮,则其含量可达 47.2%(V/V)。

NO_x 能由呼吸侵入人体肺部,对肺组织产生强烈的刺激及腐蚀作用,引起支气管炎、肺炎、肺气肿等疾病,NO_x 还能和碳氢化物生成光化学烟雾,NO_2 又是引起酸雨的原因之一。此外 NO_2 可使平流层中的臭氧减少,导致地面紫外线辐射量增加。国家环境质量标准规定,居住区的平均浓度低于 0.10 mg/m^3,年平均浓度低于 0.05 mg/m^3。

4.2.1.3 硫化氢

硫化氢具有毒性,且其毒性不亚于氰化氢。其毒性特点是可使人或动物立即虚脱,常常伴有呼吸停止,若不治疗即死亡。硫化氢的另一种危害是其对眼和呼吸道粘膜的刺激作用,可使人患上角膜结膜炎和肺气肿。异氧型分解有机硫化物的微生物种类繁多,无论通气好坏、温度高低等各种条件下均可生产硫化氢,其表达式如下所示:

$$HS-CH_2-CH(NH_2)(COOH) + H_2O \xrightarrow{半胱氨酸脱巯基酶} CH_3-COCOOH + H_2S + NH_3$$

半胱氨酸 　　　　　　　　　　　　　　　　　丙酮酸

大气中 H_2S 的来源主要是微生物的作用。据报道,陆地生态系统有机质分解每年可向大气释放 $11.2×10^7$ t 硫化氢;也有人统计,自然环境中,每 1 000 km^2 的 H_2S 产生量为 0.07 t/d。

4.2.1.4　甲基汞

Hg、As、Cd 和 Pb 等重金属离子和微生物相互作用后,可生成相应的甲基化合物,它们多是剧毒性的挥发物,其中尤以甲基汞的毒性最强。瑞典鸟群大量死亡、日本的"水俣病",均因甲基汞中毒所致。

4.2.1.5　气味代谢物

气味是环境质量评价中一项常用的指标,它可作为一种早期报警物,说明环境中的潜在毒物可能已达到有害浓度。气味不仅使大气或水的感官性恶化,而且可能被水生生物吸收并蓄积于体内。这种气体被淡水鱼吸收后,可能在烹调煮熟之后还存在。

产生气味的微生物主要有细菌、真菌、放线菌以及微小藻类等,如表 4-4 所示。

表 4-4　主要气味化合物及其产生微生物

化合物	微生物	气味
2-异丙基-3-甲氧吡嗪	链霉菌属	土豆味
1-苯基-2-丙酮	普拉特链霉菌	
5-甲基-3-庚酮	肉桂色链霉菌	
6-戊基-吡喃酮	绿色木霉	椰子味
土腥素	颤藻属	土味
	束丝藻属	
	微囊藻属	
	链霉菌属	
	卷曲鱼腥藻	
	藓生束藻	
	小单胞菌属	

续表

化合物	微生物	气味
2-苯基乙醇	普拉特链霉菌	
正庚醇	黄群藻	西瓜味或黄瓜味
2-甲基异莰醇-[2]	链霉菌属	
	束丝藻属	樟脑/薄荷醇味
	马杜拉放线菌属	
6-乙基-3-异丁基-2-甲氧吡嗪	链霉菌属	土霉味

4.2.1.6 材料的霉腐与损害

微生物能将许多材料腐蚀,其所能损害的材料范围极广,涉及各种部门与行业,这些材料在贮存或使用过程中受到微生物侵蚀会遭到严重损坏。因此,研究材料劣化的发生发展规律并寻求防治对策至关重要。如表4-5所示为微生物破坏材料的作用。

表4-5 微生物破坏材料的作用

作用	举例
对材料起物理作用	铁细菌等产生氧化铁、氧化锰沉淀而使水管堵塞
	燃料管道及污水滤器被微生物团块所阻塞
对材料起化学做作用	切削油变质
	损坏衣服与住宅
	食物、奶品的酸败
	纸品为纤维分解菌所分解
	微生物释放氨及硫化氢
	硫杆菌属产生无机酸使金属腐蚀
	产生有机酸
	硫酸还原细菌破坏金属
对有关物质作用而导致材料变质	腐蚀抑制剂的失效
	合成聚合物添加剂的降解
	防护层的破坏

在众多破坏中,木材是最易受侵蚀的一种,木材辅修菌包括相当大的一群微生物,包括多孔菌属、层孔菌属、卧孔菌属等 53 个属,496 个种。对于皮革的侵蚀,像青霉、曲霉等这些霉菌可使皮革成品受损或引起色斑。

除上述几种之外,微生物的代谢物的范围还很多,像硝酸与亚硝酸、亚硝胺类、腐殖质、羟胺、甲基汞等都可因微生物的作用而产生对人类与环境不利的物质,从而危害生态。

4.2.2 微生物毒素对环境的污染

微生物毒素是微生物的次级代谢产物。细菌、放线菌、真菌和藻类均可产生毒素。微生物毒素污染食品和环境,危害人类健康。

4.2.2.1 细菌毒素

自 1888 年发现白喉杆菌毒素以后,陆续发现了许多微生物产生毒素,包括细菌、放线菌、真菌、藻类微生物等。

对人畜有毒害作用的主要外毒素有肉毒毒素、葡萄球菌肠毒素、白喉毒素、破伤风毒素、气坏疽毒素、霍乱肠毒素等。

肉毒毒素由肉毒梭菌(Clostridium botulinum)产生。它是一种极强的神经毒,主要作用于神经和肌肉的连接处及植物神经末梢,阻碍神经末梢乙酰胆碱的释放,导致肌肉收缩不全和肌肉麻痹。它属剧毒物,1 mg 可以杀死 100 万只豚鼠。肠道中蛋白酶不能分解此毒素,但肉毒素对热极不稳定,各型毒素在 80℃经 30 min 或 100℃经 10～20 min 可完全被破坏。

葡萄球菌肠毒素由金黄色葡萄球菌产生,该毒素被肠道吸收后在 2～6 h 即可引起恶心呕吐等急性肠胃病症状,毒性相对较弱,但个别婴儿和儿童可因急性肠胃病致死。其产毒菌株出现约 25% 的人群中。葡萄球菌肠毒素是一类抗原性蛋白质,相对分子质量 40 000,耐热,在 100℃以上亦不失其毒性,食品被污染后,其外观、结构、气味等各方面均无异样。一般烹调方法不能破坏此种毒素,100℃经过 2 h 处理方可破坏。

4.2.2.2 真菌毒素

真菌毒素是指以霉菌为主的一切真菌代谢活动所产生的毒素。真菌毒素致病主要有以下几个特点。

①发病可有地区性或季节性。
②所发生中毒症无传染性。
③中毒的发生常与某种食物有联系。

④抗生素或药物对中毒症疗效甚微。

真菌毒素容易污染食物而发生中毒事件。至今已发现的真菌毒素有300多种,其中毒性较强的有黄绿青霉素、青霉酸、黄曲霉毒素、赭曲霉毒素、红色青霉素B等。现有资料显示,能使动物致癌的有环氯霉素、黄变米毒素、棒曲霉素、黄曲霉毒素G_1、柄曲霉素、岛青霉素、黄曲霉毒素B_1等14种真菌毒素。主要的真菌毒素及其产生如表4-6所示。

表4-6 主要真菌毒素及其产生菌

毒素种类	毒素名称	主要的产毒菌
肾脏毒	曲酸	米曲霉
	橘霉素	橘青霉
光过敏性皮炎毒	菌核病核盘霉毒素	菌核病核盘霉
	孢子素	纸皮思霉
造血组织毒	葡萄穗霉毒素	葡萄穗霉
	雪腐镰孢霉烯醇	雪腐镰孢霉
	拟枝孢镰孢霉毒素	梨孢镰胞霉
肝脏毒	岛青霉素	岛青霉
	赭曲霉毒素	赭曲霉
	杂色曲霉素	杂色曲霉、构巢曲霉
	黄曲霉毒素	黄曲霉、寄生曲霉
	红青霉毒素	红青霉
	环氯素	岛青素
	黄天精	岛青素
神经毒	麦芽米曲霉素	米曲霉小孢变种
	黄绿青霉素	黄绿青霉
	棒曲霉素	荨麻青霉、棒形青霉

因真菌菌种不同及影响因素各异,其产毒情况也不尽相同。

①同一种菌可产生不同毒素。

②同一菌株在新分离出来时产毒力强,而后可能失去产毒力;不产毒菌株在适宜天然培养基上生长可能获得产毒力。

③同种的不同菌株毒性不同。

④不同菌种可产生同样毒素。

⑤距近年来的实验证明,当活的产毒菌进入人体或动物体内,特别是呼吸道内以后,仍具有产毒的能力,并诱发一定的病变。

1960年英国伦敦附近养鸡厂中,10万只火鸡相继突然于数月内死亡。调查后确认,这一事件是因鸡食用了霉菌污染的花生粉,最终查明是由黄曲霉菌产生的黄曲霉素引起。黄曲霉素是剧毒物,据测定其毒性为氰化钾的10倍、砒霜的68倍。黄曲霉毒素B_1的半致死剂量(LD_{50})为0.294 mg/kg,毒性十分强。同时,黄曲霉素也是致癌物。产生黄曲霉毒素的真菌主要为黄曲霉(Aspergillus flavus)和寄生曲霉(Asp. parasiticus)。迄今为止已经确定的黄曲霉毒素结构就有17种,其中以黄曲霉毒素B_1毒性最大,致癌力最强,在一般情况下其产量也多于其他,如图4-2所示为黄曲霉毒素B_1的结构式。黄曲霉毒素B_1可损害DNA,是真菌毒素中最稳定的一种。

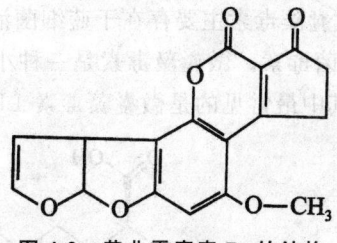

图4-2 黄曲霉毒素B_1的结构

4.2.2.3 藻类毒素

微囊藻毒素是蓝藻产生的一类天然毒素,被该毒素污染的饮用水给人类的健康带来了巨大的威胁。现在已经发现有四种中毒症状,即麻痹性中毒、失忆性中毒、腹泻性中毒和神经性中毒。每年都有人死于藻类毒素中毒。

最主要的藻类毒素分别由下面3类藻产生:

(1)甲藻。甲藻(dinoflagellate)是藻类中对人类威胁最大的藻种,它产生的毒素对人类是剧毒。四种甲藻产生的毒素可致人死亡,其中三种为膝沟藻属(Gonyaulax),而赤潮发生时,此属藻最常见。藻类毒素如石房蛤毒素(saxitoxin)可在贻贝及蛤体中安全积累,而人食后可中毒。其毒性较急,短期(2~12 h)可以致死,但如果患者能坚持存活24 h,则能康复,无后遗症。盐类、醇类可减弱其毒性,目前还没有有效的解毒药。由于毒素多积存于贝类的内脏中,食用时可将内脏去除,可保安全。

(2)蓝细菌毒素。蓝细菌是淡水中产毒素的常见藻类。人类中毒后,可发生皮炎、肠胃炎、呼吸失调等症状,但不至于死亡。表4-7反映了不同藻属产生的不同毒素。

表 4-7　蓝细菌及其毒素的类型

属	产生的毒素
节球藻毒素	节球藻毒素
微囊藻属	微囊藻毒素,内毒素
束丝藻属	石房哈毒素,新石房哈毒素,肝脏毒素
鱼腥藻属	鱼腥藻毒素 a,肝脏毒素,内毒素
简孢藻属	肝脏毒素
颤藻属	神经毒素,肝脏毒素

其中研究较多的仅有 3 个属中的某些种,即微囊藻属、鱼腥藻属和束丝藻属所产的毒素。微囊藻毒素主要存在于蓝细菌活细胞内,是迄今为止研究最为深入的一类蓝细菌毒素。微囊藻毒素是一种小分子环状七钛化合物,有多种不同的异构体,其中最常见的是微囊藻毒素-LR 结构,如图 4-3 所示。

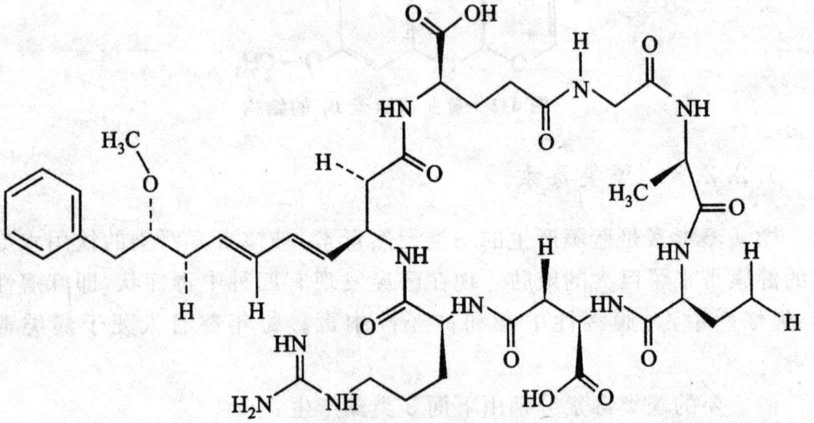

图 4-3　微囊藻毒素-LR 的结构

当蓝细菌在水华过后大量死亡时,其所含毒素释放至环境中,引起鱼类、水鸟等水生生物中毒死亡。

蓝细菌毒素的产生呈现昼夜波动,白天由于光合作用旺盛,溶解氧高,水体 pH 可达到 9.5,蓝细菌毒素因其碱不稳定性而含量低;晚上则因蓝细菌呼吸作用强,水中溶解氧降低,pH 也可降至 6.5,致使夜间毒素含量增高。因此,灭藻除毒的措施,宜在白天进行。

(3)其他藻类。

①厥藻属可产生两种毒素,多在雨季产生。

② 小球藻中的某些种能合成致癌物苯并芘,其最多生成量可达 0.5 μg/kg 菌体。

4.2.3 微生物及其代谢产物对人及动物的危害

在人体及动物的体表与外界相通的腔道黏膜上,存在着不同种类和一定数量的微生物,人体各部位存在的微生物类群见表 4-8。存在于空气、水体、土壤、植物、食物、药物及其他动物上的微生物都可能对人和动物造成污染。

表 4-8 人体各部位分布的微生物群

部位	微生物种类
皮肤	真菌、类白喉棒杆菌、葡萄球菌、分枝杆菌、铜绿假单胞菌、丙酸杆菌
外耳道	铜绿假单胞菌、类白喉棒杆菌、葡萄球菌、抗酸杆菌
口腔	类白喉棒杆菌、衣氏放线菌、乳杆菌、葡萄球菌、白假丝酵母菌、链球菌
眼结膜	奈瑟菌、结膜干燥杆菌、葡萄球菌
鼻咽腔	奈瑟菌、变形杆菌、类杆菌、葡萄球菌、铜绿假单胞菌、链球菌
肠道	乳酸杆菌、双歧杆菌、大肠埃希氏菌、铜绿假单胞菌、产气荚膜梭菌、产气肠杆菌、破伤风梭菌、类白喉棒杆菌、变形杆菌、葡萄球菌
阴道	类杆菌、大肠埃希氏菌、葡萄球菌、类白喉棒杆菌、支原体、乳杆菌、白假丝酵母菌、双歧杆菌
尿道	分枝杆菌、类白喉棒杆菌、大肠埃希氏菌、葡萄球菌

目前,由病原微生物引起的多种传染病严重威胁人类的健康。特别是最近几年,源于畜禽病原体的感染人类事件值得人们警惕。原流行病原体因变异、耐药等重新流行,导致再现传染病为病死的主要原因。而新的病原体不断出现,造成新的传染病。表 4-9 归纳了自 1973 年到 2003 年间发现的病原微生物及其所致疾病。

表 4-9 1973—2003 发现的病原微生物及所致疾病

年份	病原体	所致疾病及主要症状
1973	轮状病毒	婴幼儿腹泻
1975	甲型肝炎病毒	甲型肝炎
1975	细小病毒 B19	面部、躯干红斑、再生障碍性贫血
1976	埃博拉病毒	埃博拉出血热
1977	汉坦病毒	流行性出血热
1977	嗜肺军团菌	军团菌病
1978	丁型肝炎病毒	丁型肝炎
1980	人嗜 T 淋巴细胞病毒 I 型	T 细胞淋巴瘤、白血病
1981	金黄色葡萄球菌产毒株	中毒性休克综合征
1982	大肠埃希氏菌 O157：H7	出血性结肠炎
1982	人嗜 T 淋巴细胞病毒 II 型	毛细胞性白血病
1982	布氏疏螺旋体	莱姆病
1983	人类免疫缺陷病毒（HIV）	艾滋病（获得性免疫缺陷综合征）
1983	幽门螺杆菌	消化性溃疡病
1986	人疱疹病毒 6 型	突发性玫瑰疹
1988	丙型肝炎病毒	丙型肝炎
1989	戊型肝炎病毒	戊型肝炎
1989	查菲埃立克次体	单核细胞埃立克体病
1990	人疱疹病毒 7 型	发热皮疹及重型神经系统感染
1991	Guanarito 病毒	委内瑞拉出血热
1992	O139 霍乱弧菌	O139 霍乱
1993	Sin nombre 病毒	急性呼吸窘迫综合征
1994	Sabia 病毒	巴西出血热
1995	人疱疹病毒 8 型	与 AIDS 卡波济肉瘤有关
1995	庚型肝炎病毒	庚型肝炎
1996	朊粒（prion）	新型克雅氏病
1997	输血后肝炎病毒	输血后肝炎

续表

年份	病原体	所致疾病及主要症状
1997	禽流感病毒	流感
1998	西尼罗病毒	西尼罗热
1999	尼派病毒	脑炎
2003	新型冠状病毒	严重急性呼吸系统综合征（SARS），又称为传染性非典型肺炎

1976年以来埃博拉病毒在非洲引起的埃博拉出血热以其极强的传染性、极高的死亡率而被称为"死亡天使"。被称为"世纪瘟疫"的人类免疫缺陷病毒（HIV）自1981年被发现以来，其感染已席卷全球，且尚得不到根治。此外，疯牛病、禽流感、大肠埃希氏菌出血热等无一不令人恐慌。表4-10列举了WHO公布的近年来再现的病原微生物及其所致疾病。

表4-10 再现的病原微生物及其所致疾病

病原体	所致疾病
狂犬病毒	狂犬病
霍乱弧菌	霍乱
结核分枝杆菌	结核病
梅毒螺旋体	梅毒
战壕热罗沙利马蹄	战壕热
脑膜炎奈瑟菌	流行性脑脊髓膜炎
恙虫病立克次体	恙虫病
登革热病毒	登革热
鼠疫耶氏菌	鼠疫
鼠伤寒沙门氏菌	布鲁氏菌病
A群链球菌	链球菌毒素休克综合征
淋病奈瑟氏球菌	淋病
黄热病毒属	黄热病
百日咳鲍特菌	百日咳
羊布鲁氏菌	布鲁氏菌病
白喉棒杆菌	白喉

再现的这几种病原微生物中,危害最严重的主要是白喉棒杆菌、结核分枝杆菌、霍乱弧菌等。

微生物及其代谢产物对人及动物的污染最常见的是通过食物发生的,在任何地方,食品都是人类生物性致病因子的主要暴露源。细菌经常以内源性和外源性途径污染动物性食品,其中内源性污染最为重要。外源性途径污染食品主要由于包装食品和冷藏食品的消毒不严格,包装不完善或过期保存使食品受到污染。大量的动物病毒可由污染食品而传播给人,从而损害人体健康。

根据世界卫生组织的专门报告,目前已知的200多种动物传染病和150多种寄生虫病中,至少有200多种可由微生物传染给人类,这种人和脊椎动物之间自然传染的疾病和感染被称为"人畜共患病"。病毒性人畜共患疾病的种类很多,引起人类流行性乙型脑炎、森林脑炎病的虫媒病毒和登革热均属于人畜共患病毒。其主要的传播媒介为昆虫,此外还可以通过呼吸道、分泌道、食物链、血液以及消化道等途径传播。虫媒病毒也称节肢动物媒介病毒,具有自然疫源性。病毒性人畜共患疾病较难诊治,预防起来也比较困难。

引起人畜共患疾病的还有螺旋体、立克次体、衣原体等。螺旋体广泛存在于自然界和动物体内,对人和动物有致病性的主要有回归热螺旋体、梅毒螺旋体、钩端螺旋体等。主要致病螺旋体引起的疾病如表4-11所示。

表4-11 致病性螺旋体及其所致疾病

菌种	媒介物	宿主	所致疾病	主要分布
梅毒螺旋体		人	梅毒	全球
品他病螺旋体		人	品他病	西半球,热带地区
问号钩端螺旋体		家畜,啮齿类动物	钩端螺旋病体	亚洲,澳洲
布氏疏螺旋体	达敏硬蜱	人、动物	莱姆病	欧洲,美国,中国
回归热疏螺旋体	虱	人	虱传回归热	南美,北美,欧洲,亚洲
雅司螺旋体	苍蝇	人	雅司	东西半球,热带地区
杜通疏螺旋体	顿喙蜱	人	蜱传回归热	美洲,非洲

致病性钩体能引起人和动物的钩体病,钩体病为自然疫源性疾病,在野生动物和家畜中流行。立克次体病多数是自然疫源性疾病,呈世界性或地方性流行,人类感染立克次体主要通过节肢动物在叮咬处排出含有立克

次体的粪便而污染伤口和感染人类。我国发现的立克次体病主要有斑疹伤寒、Q热和恙虫病等。主要致病立克次体引起疾病见表4-12。

表4-12 主要立克次体病的流行病学特点

病名	病原体	传播媒介	传播方式	贮存宿主
Q热	贝纳柯克斯体	蜱	接触、呼吸道等	野生小动物、牛、羊
恙虫病	恙虫病立克次体	恙螨	恙螨幼虫叮咬	鼠类
流行性斑疹伤寒	普氏立克次体	人虱	虱类擦入皮肤伤口	人
战壕热	战壕热罗沙利马蹄	人虱	虱类擦入皮肤伤口	人

恙虫病的传播方式如图4-4所示。

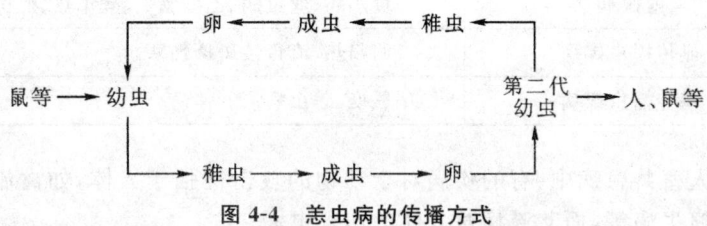

图4-4 恙虫病的传播方式

衣原体广泛寄生于人类、鸟类及哺乳动物,仅少数能致病。能引起人类疾病的衣原体主要有肺炎衣原体和沙眼衣原体,主要致病衣原体引起的疾病如表4-13所示。

表4-13 主要致病衣原体所致疾病

	肺炎衣原体	沙眼衣原体	鹦鹉热衣原体
自然宿主	人	人、小鼠	鸟类、低等哺乳动物
传染来源	人→人	人→人,鼠→鼠	动物→动物,偶传给人类
对人致病性	青少年急性呼吸道感染以肺炎多见	沙眼,淋巴肉芽肿,非淋菌性尿道炎,生殖道感染,包涵体结膜炎	动物感染,偶尔感染传给人,发生呼吸道感染

引起人畜共患病的细菌是一类以动物为传染源的细菌,人类通过与病畜及其污染物的直接接触,或通过媒介昆虫叮咬而感染致病,称为动物源性细菌。布氏菌属细菌是牛、羊、猪等家畜布鲁菌病的病原体,人因接触病畜或食用该菌污染的肉、奶而感染。鼠疫耶尔森菌是鼠疫的病原菌,主要寄生于鼠类和其他啮齿类动物体内,通过跳蚤传播。鼠疫是一种自然疫源性烈性传染病,在我国,鼠疫是重点监控的自然源性传染病。

引起人畜共患疾病的寄生性蠕虫主要包括线虫、吸虫、绦虫等。姜片虫病是人、猪共患寄生虫病，主要流行于亚洲温带和亚热带，传染源是带虫者、病人和猪。肥胖带绦虫的流行主要与人的粪便污染牧草和水源、牛的放牧及食用牛肉的方法等因素有关。人类旋毛虫病的流行具有地方性、群体性和食源性的特点。节肢动物可通过刺螫、吸血或传播病原体等方式危害人类与动物健康，主要节肢动物生物性传播的疾病见表4-14。

表4-14 节肢动物生物性传播的疾病

媒介	病名
蜱媒病	回归热、Q热、森林脑炎、莱姆病
蚤传播虫媒病	鼠疫、地方性斑疹伤寒
蚊媒病	黄热病、丝虫病、乙型脑炎、登革热、疟疾
虱传播虫媒病	回归热、流行性斑疹伤寒
螨传播虫媒病	鼠疫、恙虫病

在人畜共患病中，有的疾病对于动物的攻击性强于人体，如禽流感、口蹄疫和疯牛病等，而艾滋病对人体的伤害更大。

4.3 病原微生物

能使人、动物与植物致病的微生物统称为病原微生物或致病微生物。空气、土壤、水体、生物均可作为病原微生物寄存的场所与传播媒介。

4.3.1 土壤中的病原微生物

土壤是微生物最适宜的生活环境，土壤中的微生物绝大部分是土著微生物，对物质的分解、代谢、转化起着极其重要的作用。但也有一部分病原体，包括肠道致病菌钩端螺旋体、肠道寄生虫(蠕虫卵)、肉毒杆菌、炭疽杆菌、霉菌、破伤风杆菌和病毒等致病菌。

4.3.1.1 土壤中的病原微生物

土壤中的病原微生物是指存在于土壤中或可通过土壤传播引起疾病的病原微生物。土壤中的病原微生物主要源于用未经处理的生活污水、医院污水和含有病原体的工业废水进行农田灌溉或利用其污泥施肥。病畜尸体处理不当,用未经彻底无害化处理的人畜粪便施肥也是土壤中病原物微生物的主要来源。其中以传染病医院未经消毒处理的污水和污染物危害最大。

土壤中的病原微生物主要有霍乱弧菌、炭疽杆菌、肠道病毒、沙门氏菌、粪球链菌、致病性大肠杆菌、结核杆菌、破伤风杆菌、志贺氏菌等。

4.3.1.2 土壤中病原微生物的传播及预防

病原体污染土壤危害人体,主要有如图 4-5 所示的几种传播途径。

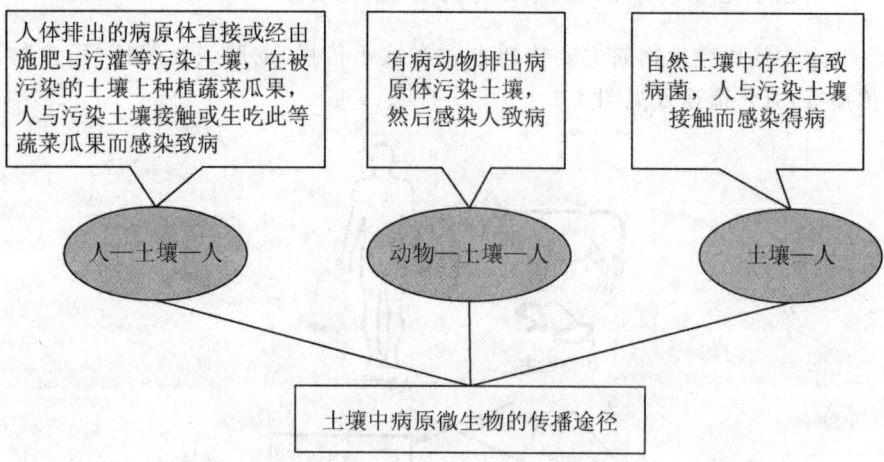

图 4-5　土壤中病原微生物的传播途径

土壤中的病原微生物不仅可造成对土壤的污染,严重地危害植物,造成农业减产,还可从地面污染源迁移到地下水和地表水。防止土壤生物性污染的主要措施是对施入土壤的人畜粪便及污泥等进行无害化处理。即将人畜粪便及污泥等先经无害化灭菌处理后再分散于土壤中。粪便无害化的方法很多,常用的方法有沼气发酵法、高温堆肥法、药物灭卵法、化粪池等。

4.3.2　水中的病原微生物

水是疾病的重要传播途径之一,通过水传播的病原微生物有细菌、病毒和原生动物等,引起的主要疾病有痢疾、伤寒、肝炎、胃肠炎等。

4.3.2.1　水中的病原微生物

水中的病原微生物是指存在于水中或可通过水的传播引起疾病的病

原微生物。水体是极易受到病原微生物污染的,因此常称为人和动植物疾病的传播媒介,引起流行病的流行。

水中的微生物绝大多数是水中天然的寄居者,一部分来自土壤;少部分是和尘埃一起由空气中降落下来的,它们对人类一般无致病作用。此外,尚有一小部分是随垃圾、人畜粪便以及某些工农业废弃物进入水体的,其中包括某些病原体。此种进入水体中的病原体因不适应水环境可逐渐死亡,也有一小部分可较长期地生活在水环境中。

4.3.2.2 水中病原微生物的传播及预防

水中病原微生物的主要传播方式有饮水传播、皮肤或黏膜传播、食物传播等,其传播途径见图4-6。

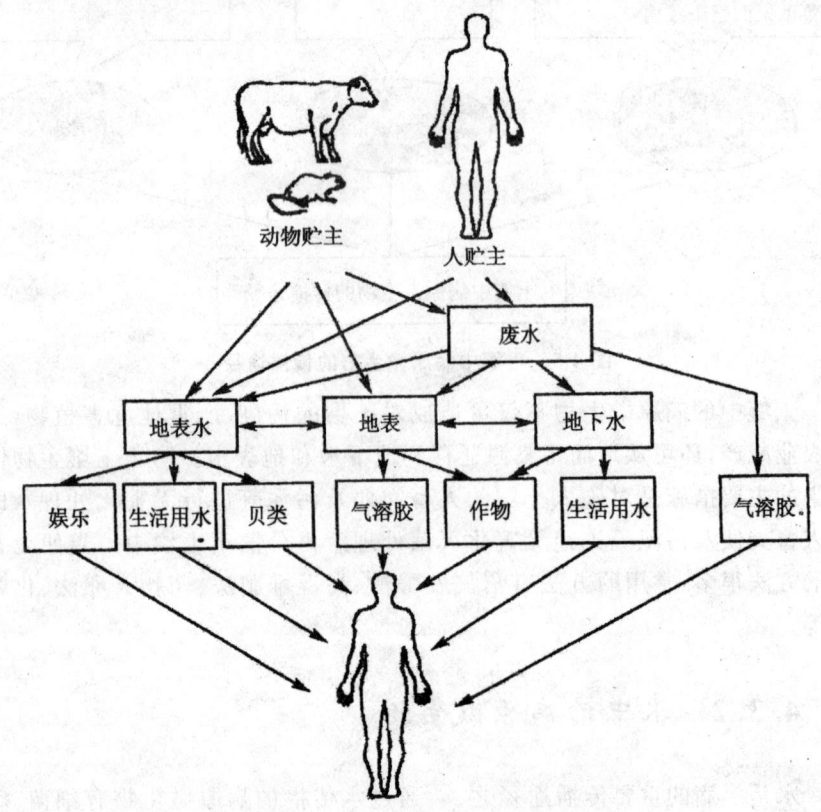

图4-6 人和畜禽肠道传染病的传播途径

防止水中病原微生物的主要措施是加强对污水和饮用水法处理。

污水排放前加氯消毒或加明矾、石灰、铁盐等絮凝剂后再砂滤可以除去大部分的病毒及病原菌。围绕水源确定防护地带,建立相应的卫生制度，使水源、水处理设施、输水总管等不受污染，从而保证生活饮用水的质量。

饮用水的消毒是防止肠道传染病的一个重要环节。饮用水消毒的方法有很多，主要有以下几种。

①在水中加氯可以生成具有氧化能力的 HOCl，HOCl 是中性分子，极易渗入细菌体内，氧化破坏酶类，使细菌灭亡。水中加氯下毒是较有效和经济的消毒方法，但水中存在某些微量的有机物可与氯化物形成致突变作用的卤代物。

②在水中加入臭氧可放出具有强氧化能力的新生氧，氧化水中有机物并杀死细菌及芽孢，还可除去水中的色、嗅、味。臭氧是强氧化剂，而且不会产生致突变物，但臭氧杀菌短暂，没有持续杀菌的作用，且成本较高。

③紫外线消毒是适用于少量清水的消毒方法，利用紫外灯便可进行。经过消毒的水，化学性质不变，也不会产生臭味和有害健康的产物，但因悬浮物和有机物的干扰会使杀菌效果不强，且费用也相对较高，不适合广泛应用。

除上述方法外，在一些特殊场所还会用到过氧化氢法、高锰酸钾法、加碘或加溴以及微电解等消毒方法。

4.3.3 空气中的病原微生物

空气中的病原微生物是指存在于空气中或可通过空气传播引起疾病的病原微生物。

室外空气中，由于空气流通性好，阳光紫外线照射使得病原体微生物难以存活。而室内空气中，特别比较封闭的环境以及人员拥挤的环境中存活着较多的微生物。空气理化条件多变，不是微生物的天然生境，但却是微生物的良好介质。

空气中的病原微生物有破伤风杆菌、金黄色葡萄球菌、感冒病毒、流行性感冒病毒、绿脓杆菌、百日咳杆菌、麻疹病毒、溶血链球菌、肺炎杆菌、白喉杆菌、脑膜炎球菌等。

4.3.3.1 空气中的微生物的主要传播途径

（1）附着于飞沫核或飞沫小滴上。人们咳嗽和打喷嚏时，可产生大量的细小的（直径大小为 5 μm）飞沫，飞沫能较长时间飘浮于空中。飞沫小滴中的病原体，可以传播给他人。

飞沫小滴在空气中蒸发而形成飞沫核。飞沫核直径更小，因而所带的病原体较少,但是传播的距离更远。

病原微生物在飞沫或飞沫核内的存活,受飞沫中有机物含量及外界因素如温度、湿度等的影响。根据用疫苗气溶胶在不同温度、湿度条件下的试验结果,在较低温度(10~14℃)、低湿(相对湿度40%~50%)时微生物的存活率较高,因而经飞沫传播的传染病在初春和深秋发病较多。在中温(20~25℃)、中湿(相对湿度60%~70%)组存活率次之。在高温(28~30℃)、高湿(相对湿度80%~90%)组更次之。即随着温度升高,病原菌存活率下降。因此,经空气飞沫传播的传染病在寒冷季节多发。

(2)尘埃。尘埃大量漂浮在空气中,在人类活动的场合密度更大。细小的尘埃本身对人类的健康有一定的影响。而这些尘埃,往往附着有多种病原微生物。由于重力因素,较大的颗粒降落到地面,随清扫或空气流动而传播。小的直径在10 μm以下的尘埃,可较长时间悬浮在空气中。

(3)污水喷灌所形成的气溶胶。如果污水中存在病原微生物,在喷灌时所形成的气溶胶中可以带菌,污染空气,传播疾病。

4.3.3.2 污水处理与污水灌溉引起的空气污染

在污水处理和污水灌溉过程中,由于液滴的飞散或污水中气泡上浮至液面而破裂时,都可产生带菌的气溶胶,气溶胶在空气中随风飘散。有试验证明,在上浮的气泡表面所含有菌数比原污水中所含菌数多10~1 000倍。同时有报道称,在污水灌溉的下风侧350 m处检查出大肠菌群细菌,40~100 m处检出肠道病毒,60 m处检出沙门氏菌。由于污水处理和污水灌溉对空气存在着潜在危险,因此,有的国家在污水曝气池上用塑料薄膜覆盖,以减少含菌气溶胶的传播。有的国家改喷灌为低层滴灌,并用薄膜覆盖,同时,灌溉前应对污水适当消毒处理。

4.3.3.3 防止空气病原微生物污染采取的措施

为了防止空气病原微生物污染可以采取以下措施。

(1)室内通风。借助气流稀释或排除室内的病微生物是防止呼吸道感染的有效方法。开启门窗后,由于空气的流通稀释,室内空气中的细菌属可以显著减少。在影剧院、会议室、礼堂、舞厅等人口密集的场所均应采取此措施。

(2)空气过滤。空气过滤在微生物学上又称生物洁净技术,是指采用多级过滤器除尘以达到除菌、创造"生物洁净室"的目的。末级过滤器常采用玻璃纤维或玻璃纤维制品为滤料,除菌效率极高。空气过滤通常用于对空气清洁程度要求高的场所,如手术室、无菌实验室、婴儿室和制药、电子、食品、宇航、钟表等行业。生物洁净室需要经常进行室内微生物的检验和消毒。

(3)空气消毒。空气消毒通常采用紫外线照射或化学药品消毒等措施杀灭空气中的微生物。手术室、病房、无菌实验室等处的灭菌通常都是使用紫外线照射,强烈直射的日光因含有紫外线也具有明显的杀菌作用。常用的化学药品是过氧乙酸,该药品对细菌及其芽孢、病毒、真菌等都有杀灭作用。其优点是分解产物乙酸、过氧化氢、水与氧等对人体无害,缺点是稀释的过氧乙酸易分解,因此在需要时需要临时配制。而且过氧乙酸及其分解物有刺激性,因此消毒时人不宜留在室内,消毒后须经通风换气后,人才能进入室内。

第 5 章　微生物对污染物的降解与转化

微生物通过一系列的生物化学反应将污染物降解或转化成终产物。如果不考虑其中的具体生物化学反应细节，那么污染物降解过程可以简化成一个总反应过程：反应物→产物。总反应的反应速率是工程学方面的重要参考数据。如果微生物对污染物的降解速度很快（"可生化性"强），那么有限规模的工程就可以达到处理污染物的目的；相反，如果降解速度太慢，就要求工程设施规模很大，甚至经济上不可行。就某一种污染物而言，工程设施究竟需要多大规模，需要预先知道反应速率，这就是污染物降解动力学所要研究的问题。反应速率与反应机制有关，好氧处理和厌氧处理属于两种不同的反应机制，用来处理同一种污染物，其速率肯定不同。动力学参数还可以提示反应系统的状态，不同的动力学方程能提示不同的信息。例如，如果某种污染物的降解速率遵守一级反应动力学方程（反应速度与反应物浓度成正比），大致表明该系统中除反应物浓度以外不存在其他限制因素；如果遵守零级反应方程（反应速度与反应物浓度无关），大致表明系统中有限制因素，进一步分析可以确定并削弱或排除限制因素，提高系统效率。微生物降解污染物的动力学研究是手段而不是目的，从动力学方程中解读出需要的信息才是最为重要的。

如果考虑污染物降解过程中的具体生物化学反应，那么污染物降解过程则由许多生物化学过程组成，每一过程都会使污染物的化学结构发生某种改变，直至变成终产物。污染物降解机制就是研究污染物在降解过程中化学结构的变化，它回答污染物能否被微生物降解、降解成什么化合物等问题。

生物圈中所有的物质皆处于不断分解、合成及相互转化的动态平衡之中，因此，形成了一个自我调节、自我控制的有机整体。当人们将各种废物排入环境，一旦超过了环境自净容量，破坏了生态平衡，污染物大量积累，结果造成了环境污染。污染不仅带来暂时的经济损失和对人们健康的损害，而且对子孙后代的生存也会产生潜在的威胁。

环境工程微生物学的一个重要任务就是研究微生物对污染物的降解与转化机理，从而利用微生物消除污染，改善环境，为子孙后代造福。

5.1 微生物对有机污染物的降解

有机污染物是指以碳水化合物、蛋白质、氨基酸、脂肪等形式存在的天然有机物质及其他可生物降解的人工合成有机物质为组成的污染物,主要包括酚类化合物、芳香族化合物、氯代脂肪族化合物和腈类化合物等。有机污染物大多以石油烃、芳香族化合物、化学农药、合成洗涤剂、化学塑料等形式存在。

现存微生物对有机污染物的降解能力是它们对结构类似的化合物降解能力的延伸和扩展,不同种类微生物的进化历程、生存环境、对新有机物的接受驯化以及获得新的降解能力途径不同,因此微生物对有机污染物的生物降解会因不同的生物种类、不同的微生物群体、不同的生态环境而不同,呈现出错综复杂的情况,可以有不同的降解途径。

目前有 10 万种以上的化合物被商业生产,其中有数百种被大量生产,这其中大部分是有机化合物,有机化合物的环境污染物给人类带来极大的风险,生物降解是降低、规避风险的重要途径。有机污染物种类多样,结构复杂,难以对它们做统一科学的分类。综观大量被公认的有机污染物,我们可以看到它们中的大部分结构基础是烃键和苯环,且最终的形态是从这个基础上衍生出来的。

5.1.1 微生物对污染物的适应能力及巨大的降解潜力

生态系统中所有的自然物质,特别是有机物,均可找到使之降解的微生物。因此,有人将微生物的这一特性称之为"绝对可靠性原理"(principle of microbial infallibility)。当然,微生物的种类不同,适应能力各异。例如,纤维素分解菌只能以纤维素作为唯一的碳源和能源;甲基氧化菌只能氧化甲烷和甲醇等一碳化合物;而有些微生物如假单胞菌能降解一百多种有机物;微生物降解有机物的多样性,说明微生物对各种污染物有着广泛的适应能力。

随着工农业生产的发展,大量人工合成的化合物如多氯联苯、去污剂、塑料等不断地排入环境,微生物能否降解这些物质,引起了人们广泛的关注。有些难降解化合物因其分解困难而长期滞留于环境,一旦进入生物体便开始富集。另外,很多难降解的人工合成的化合物属脂溶性化合物,这些物质在生物体内不但不能被降解,而且也无法排出体外,在生物体内贮留,并沿食物链逐级传递,结果较高营养级的生物体内积累的污染物很多。

有资料表明,微生物"正学着"对付众多的"陌生"人工物质,其降解潜力是很大的,主要表现在以下几方面。

(1)诱导酶的产生。微生物可能有降解某种污染物的基因,当该污染物不存在时,基因处于"关闭"状态,污染物(诱导物)一旦出现,基因便被"打开",从而合成相应的酶,微生物即可降解这种污染物。例如,增塑剂一直被认为是难以被生物降解的有机物,但人们已从环境中分离出了降解此物质的微生物,其中气单胞菌分解增塑剂的酶正是诱导酶。中国科学院水生生物研究所从污水中分离到的对硫磷农药降解菌,就是通过诱导酶降解对硫磷的。

(2)具有降解质粒。研究已证明,微生物分解某些难降解污染物的能力受细胞内质粒的控制,质粒上有编码分解某污染物的酶的基因,如多氯联苯、对氯联苯、有机氯苯、烃类化合物等的降解均与质粒基因有关(表5-1)。微生物对质粒并非必需,但当微生物处于有毒环境时,质粒对微生物显得非常重要。因此,降解性质粒的研究具有重大的理论和实践意义,特别是利用遗传工程的方法组建"超级菌",可大大提高处理效率。

表 5-1　部分降解性质粒及其降解底物

质粒名称	菌　株	降解底物	质粒名称	菌　株	降解底物
CAM	恶臭假单胞菌	樟脑	POAP$_2$	短黄杆菌	6-氨基乙酸
OCT	恶臭假单胞菌	正辛烷、苯乙酸			2,4-D
NAH	恶臭假单胞菌	萘	PJP	争论产碱菌	
SAL	恶臭假单胞菌	水杨酸			
TOL	恶臭假单胞菌	甲苯、二甲苯	PAC$_{21}$	克雷伯菌	多氯联苯
XYL	假单胞菌 PXY	二甲苯	PKJ	假单胞菌	甲苯
ETB	假单胞菌	甲苯、苯乙酸	PUOI	假单胞菌	氟醋酸
NIC	凸形假单胞菌	烟碱、烟酸	PSCI	假单胞菌	对硫磷
			BHC	气单胞菌	六六六(BHC)

(3)突变体的形成。微生物与其他生物相比,易发生变异。当环境中存在某些污染物时,会诱发形成突变体,微生物分泌相应的酶,以降解这些污染物。然而,在自然状态下,这种突变频率很低,因此可采用人工诱变或

分子遗传的手段构建降解特殊污染物的"工程菌",对治理污染会带来更大的突破。

5.1.2 有机污染物生物降解的特点

(1)时间短。生物降解的实质是在酶催化作用下的一系列生化反应,有些生物作用非常迅速,也很彻底,许多有机物被彻底降解为二氧化碳和水。如DDT在土壤中降解75%～100%需要4年,5%～10%在使用后的10年会仍留在土壤内,目前已经找到相当数量的菌株能够降解DDT,一种绿色木霉可以在3天内降解90%的DDT。海上浮油污染自然降解需要1年时间,但是利用可以同时降解4种烃类的"超级细菌"却只要几个小时时间。

(2)范围广。微生物代谢类型多样,几乎能降解所有天然的有机化合物,迄今已知的数十万种污染物(主要为有机污染物),绝大多数能被微生物降解。微生物能合成各种酶类,将环境中的污染物逐步降解和转化。同时,在与污染物发生作用时,微生物会做出反应和生理调节而变异,或在污染物诱导作用下发生变异成为高效的降解微生物。

微生物的产酶能力千差万别,对各种有机物的降解能力有很大的区别,如假单胞菌属中的某些菌能降解90种以上的有机物,而单烷氧化细菌却只能利用甲烷和甲醇这两种有机物,某些纤维分解菌甚至以纤维素为唯一的碳源。

(3)降解物的中间产物毒性的不确定性。微生物降解或转化污染物后形成的中间产物或终产物使它们可变成更复杂的物质,或者毒性增强,比原始污染物更为有害。例如,微生物可使芳香环二聚化成为更复杂的物质(图5-1)。

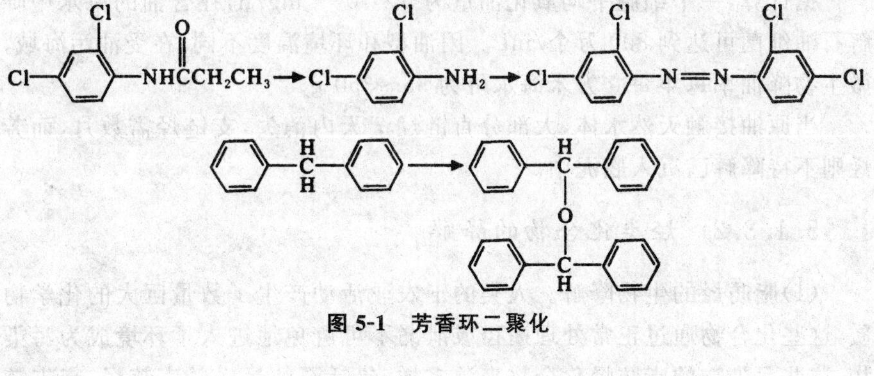

图5-1 芳香环二聚化

5.1.3 石油类有机污染物的降解

石油是一种复杂的混合物,含有多种烃类(正烷烃、支链烷烃、芳烃、脂环烃)及少量其他有机物(硫化物、氮化物、环烷酸类)。其相对分子质量从16(甲烷)至1 000左右。物理状态包括气态、挥发性液体、高沸点液体以及固体。在开采、运输、炼制和使用过程中石油及其废弃物可造成对环境的污染。随着近年来海上石油资源的出现以及人类的大量开采,油船泄漏甚至触礁遇难事故时有发生,使得水域的石油污染问题突出。在自然界净化石油的综合因素中,微生物降解起着重要作用。

目前,已经发现有上百种微生物可以降解石油,微球菌属(*Micrococcus*)、棒状杆菌属(*Corynebacterium*)、黄杆菌属(*Flavobacterium*)、细菌有假单胞菌属(*Pseudomonas*)、无色杆菌属、节杆菌属(*Arthrobacter*)、产碱杆菌属(*Alcaligenes*)、不动杆菌属等;放线菌主要是诺卡菌属(*Nocardia*)和分枝杆菌属;酵母菌主要是解脂假丝酵母(*C. lipolytica*)和热带假丝酵母(*C. tropicalis*)以及红酵母菌属(*Rhodotorula*)、球拟酵母菌(*Torulopsis*)和酵母菌属(*Saccharomyces*)的某些种;霉菌有青霉属(*Penicillium*)、曲霉属(*Aspergillus*)、穗霉属(*Spicaria*)等。此外,蓝细菌和绿藻也都能降解多种芳烃。

5.1.3.1 微生物对石油的降解能力

石油中所含各种烃类,从最简单的C1化合物至复杂的几十个碳原子的固体残渣,只要条件合适,均可被微生物代谢降解,只是难易与速度不同。一般言之,C10~C18范围的化合物较易分解。烯烃最易分解,烷烃次之,芳烃难,多环芳烃更难。

据计算,一个细胞平均氧化油量为5×10^{-12} mg/h,在含油的海水中降解石油细菌可达到800万个/mL。因油型和环境温度不同,在受油污海域,微生物降油率每年每立方米海水可为35~350 g。

当原油接触天然水体,大部分直链烃7天内消失,支链烃需数月,而芳烃则不待降解已沉入底泥中。

5.1.3.2 烃类化合物的降解

(1)脂肪烃的生物降解。人类的工农业活动产生了数量巨大的化学物质,这些化合物通过正常处理途径或泄漏不可避免地进入了环境成为污染物,这些污染物的脂肪烃化合物来源多样,包括石油烃中的直链烃、带支链烃、表面活性剂的烷基取代物,卤代一碳或二碳化合物(如 TCE)。卤代物是普遍使用的工业溶剂。这类化合物的一般降解规律如下。

- 中等链长的直链脂肪烃(链长 10 到 18 个碳的直链烷烃)比更短或更长的更易于被利用。更短链长的烃有很高的水溶性,对细胞脂和膜具有损伤,破坏细胞的完整性。而链长更长的烃水溶性降低,因而降解性降低。
- 饱和脂肪烃和不饱和的烯烃降解性相当。
- 烃的支链会降低生物降解性。
- 卤素取代基会降低生物降解性。

① 无取代基的脂肪烃化合物。

a) 烷烃。烷烃与自然界普遍存在的脂肪酸、植物蜡结构相似,环境中许多微生物都能利用直链烷烃作为唯一的碳原和能源。大量能降解直链烃的微生物已从烃污染环境中分离出来,假单胞菌属、产碱菌属、芽孢杆菌属等许多菌都具有这种能力。

微生物对一般的烷烃的降解是通过单一末端氧化、双末端氧化(又称 ω-氧化)、亚末端氧化的途径。带有 OCT 质粒的食油假单胞菌(*Pseudomonas oleovorans*)降解庚烷的途径如图 5-2 所示。

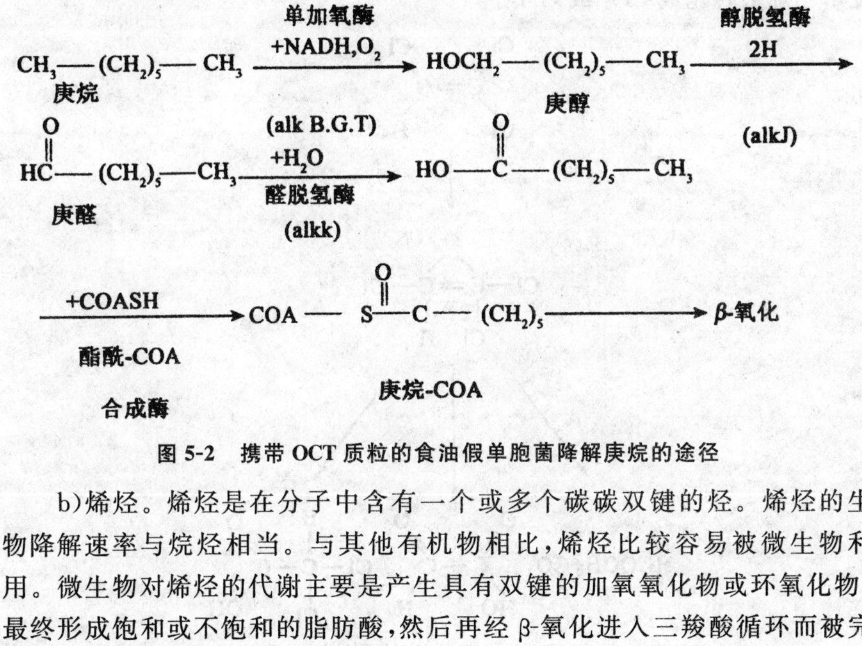

图 5-2 携带 OCT 质粒的食油假单胞菌降解庚烷的途径

b) 烯烃。烯烃是在分子中含有一个或多个碳碳双键的烃。烯烃的生物降解速率与烷烃相当。与其他有机物相比,烯烃比较容易被微生物利用。微生物对烯烃的代谢主要是产生具有双键的加氧氧化物或环氧化物,最终形成饱和或不饱和的脂肪酸,然后再经 β-氧化进入三羧酸循环而被完全分解,其降解途径如图 5-3 所示。

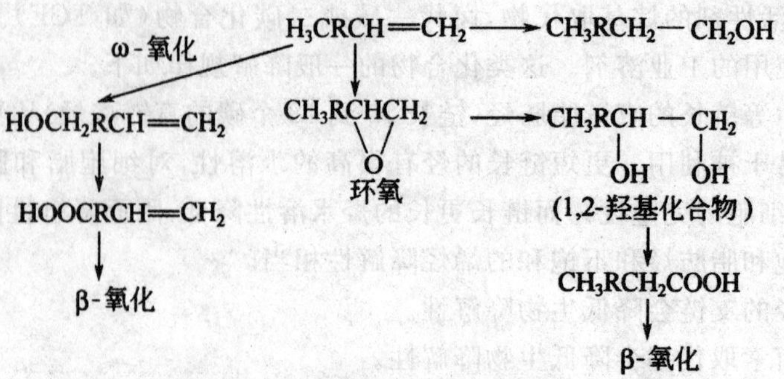

ω-氧化
H3CRCH═CH2
CH3RCH2—CH2OH
HOCH2RCH═CH2
CH3RCHCH2
O
环氧
CH3RCH—CH2
OH OH
(1,2-羟基化合物)
HOOCRCH═CH2
CH3RCH2COOH
β-氧化
β-氧化

图 5-3 烯烃的微生物降解途径

②卤代脂肪烃化合物。卤代脂肪烃化合物被广泛使用。如三氯乙烯(TCE)被广泛用作工业溶剂。现有的研究表明三氯乙烯的有氧降解可有多种机制，亚硝化单胞菌属的铵氧化酶、假单胞菌属的甲苯双氧化酶、甲烷营养菌的甲烷单氧化酶都可使 TCE 氧化。其中单氧化酶催化降解途径如图 5-4 所示，其主要产物为甲酸、乙醛酸和二氯乙酸。在厌氧情况下，氯代乙烯的降解是还原脱氯的过程，途径是：四氯乙烯→三氯乙烯→2-二氯乙烯→乙烯基氯化物→乙烯。乙烯是降解的终产物。尚没有发现在厌氧情况下乙烯被转化成 CO_2 或 CH_4。

HCOOH+CO

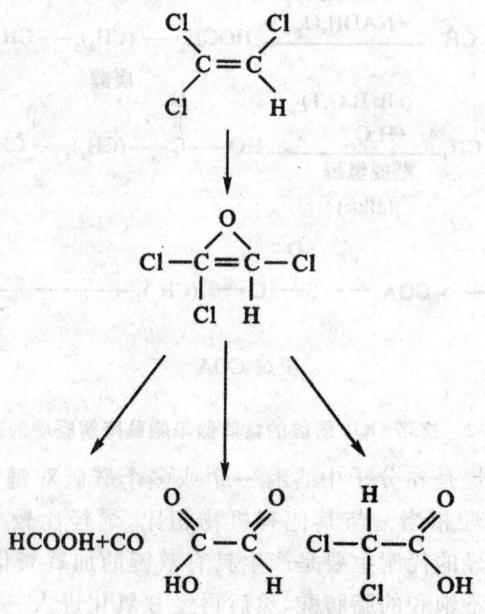

图 5-4 TCE 的降解途径

由于使用和处置不当，一些溶剂是地下水中最频繁检测到的有机污染物之一，其生物降解受到广泛的研究。卤代脂肪烃的降解速度比没有卤代的脂肪烃慢得多,同一个碳原子键合二或三个氯原子则其好氧降解受到抑制,此外从 C3 到 C12 的一氯化烷烃的降解速率随碳链的加长而增加,这可以解释为随着链长的加长,氯原子对酶-碳反应中心的电子效应的减弱。

卤代脂肪烃的好氧生物降解反应有 3 种基本类型。

• 亲核的取代反应(反应物带来一对电子),一卤或二卤代化合物的卤原子被羟基取代,如卤代脂肪烃的取代脱氯反应。

$$CH_3 - CH_2Cl + H_2O \longrightarrow CH_3CH_2OH + H^+ + Cl^-$$

• 单加氧酶和双加氧酶催化的氧化反应,这些酶能氧化高度氯代的 C1 和 C2 化合物(如三氯乙烯)。能氧化包括甲烷、氨、甲苯和丙烷各种非氯代化合物的细菌可产生这些单加或双加氧酶。这些酶没有严格的底物专一性,它们能共代谢氯代脂肪烃。

• 还原脱卤,这是由还原性转换金属配合物控制的,一般发生在厌氧环境。在还原脱卤的第一步,电子由还原性金属转移到卤代脂肪烃上,产生一个烷基和一个游离卤原子,而烷基基团能吸引一个氢原子或失去第一个卤原子形成一个烯烃。

通常氯代脂肪烃的共代谢降解需要相对大比率的底物。研究证明,以甲烷或甲酸盐为碳源生长的甲烷营养菌产生的甲烷单加氧酶,以甲苯为碳源的甲苯营养菌产生的甲苯双加氧酶,以氨为营养的欧州亚硝化单胞菌产生的氨单加氯酶和以丙烷为营养的母牛分枝杆菌 SOB5 产生的丙烷单加氧酶都具有共代谢降解卤代脂肪烃的能力。

卤代脂肪烃在厌氧条件下还原脱氯(图 5-5),电子由还原性金属转移到卤代脂肪烃上,产生一个烷基和一个游离卤原子。而烷基基团能吸引一个氢原子或失去第一个卤原子形成一个烯烃。

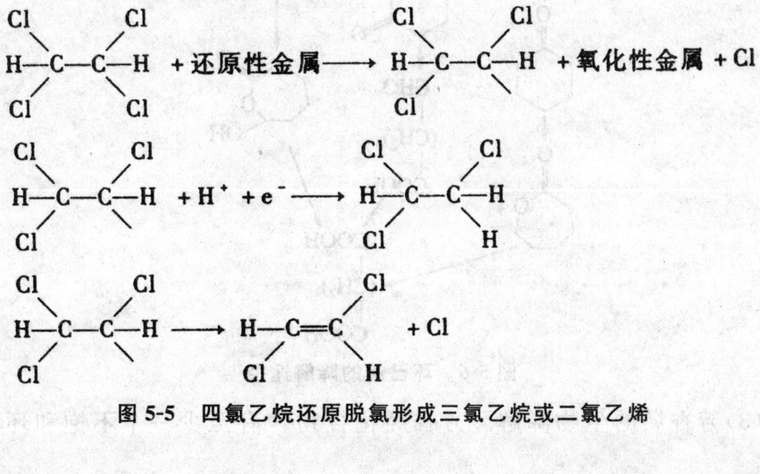

图 5-5 四氯乙烷还原脱氯形成三氯乙烷或二氯乙烯

通常好氧条件有利于较少卤代取代基的化合物的生物降解，而厌氧条件上有利于较多卤代取代基的化合物的生物降解。然而在厌氧条件下，高度卤代的脂肪烃不能完全降解。故有研究提出采用交替厌氧和好氧处理这些卤代物，开始厌氧条件下处理降低其卤代程度，然后充氧创造好氧条件进行好氧过程使卤代物完全降解。

(2) 脂环烃的生物降解。脂环烃化合物在化学工业上的使用以及不包括开采和使用在内的工业过程所产生的对环境释放都是有限的。因此人类暴露在脂环烃化合物下的健康风险后果不像其他化合物（特别是芳香烃化合物）那样达到同样重要的水平。它们的生物降解研究注意得较少。

脂环烃没有末端甲基，它的生物降解原理和链烷烃亚末端氧化相似，以环己烷为例（图5-6）来说明。混合功能氧化酶氧化产生脂环（族）的醇，脱氢得酮，进一步氧化形成一个内酯，不稳定的内酯环断开得到羟基羧酸，羟基再被顺序氧化成醛基和羧基，得到二羧酸可被进一步氧化分解。有人从污泥中分离到一株诺卡氏菌能以环己烷作为唯一的碳源生长。然而更常见是这个降解过程是一个共生的共代谢反应。在这一系列反应中，一种微生物将环己烷经由环己醇转化为环己酮，但这不能使环己酮内酯化和开环，而另一种不能开始氧化环己烷的微生物却能使环己酮内酯化和开环，并进一步氧化分解。

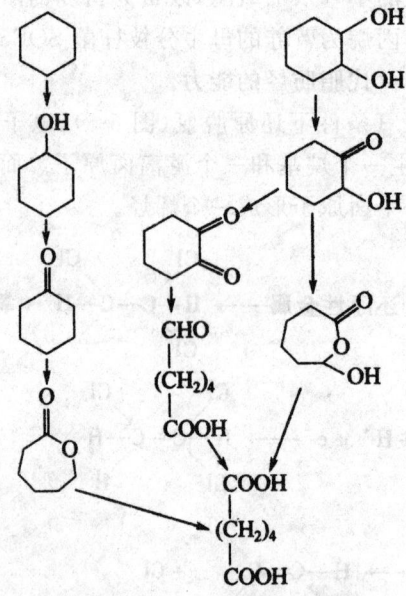

图 5-6　环己烷的降解途径

(3) 芳香烃的生物降解。芳香烃化合物含有至少一个不饱和环状结构,通常是 C_6R_6,R 可以是任何基团。苯是这个不饱和环状化合物家族的母体烃,含有两处或更多合在一起的苯环化合物称为多环芳烃(PAHs)。

芳烃化合物的氢原子可以被许多基团所取代,从而形成取代基芳香烃化合物。芳香烃化合物既有自然来源的,但更多来自许多工业部门的废水、废弃物。由于对人类健康和生态系统的潜在毒性和影响,芳香烃化合物的生物降解被广泛研究。

①无取代基芳香烃化合物。研究表明大量的细菌和真菌能够在各种环境条件下部分或完全降解芳香烃化合物。在好氧条件下,最普遍的初始转化是把分子氧掺合到芳香烃的羟化作用。催化这种反应的是加单氧酶和加双氧酶。

• 苯。苯是芳香烃的基本结构,多环芳烃降解最终也要经历到苯,并进一步转化,最终完全降解。苯的生物降解在芳香烃的生物降解中具有重要的代表性。原核微生物对苯的生物降解如图 5-7 所示。在加双氧酶的催化下苯被转化为顺式二氢基二醇,然后这个二氢基二醇重新芳香构化形成一种二羟化中间产物儿茶酚。儿茶酚的环在第二个加双氧酶的作用下被打开,在两个羟基之间打开为邻位途径,在一个羟基的下一个位置打开为间位途径,此后可进一步反应直到完全降解。

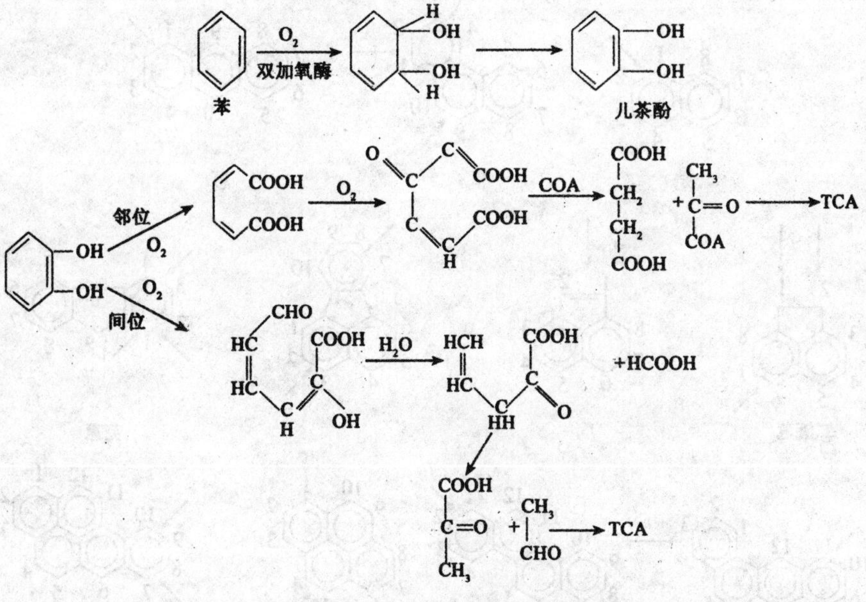

图 5-7 苯经儿茶酚的降解过程

真核微生物对苯的降解是用细胞色素 P-450 加单氧酶攻击芳香烃化合物,把分子氧的一个氧原子掺合到化合物中而另一个氧原子被还原成水,结果生成一种芳烃氧化物。接着在酶作用下与水加成生成反式的二氢基二醇。另一种情况下,芳烃氧化物能被异构化为苯酚,而苯酚能和硫酸盐、葡萄糖醛酸、谷胱甘肽缀合,这些缀合物能被排出(图5-8)。

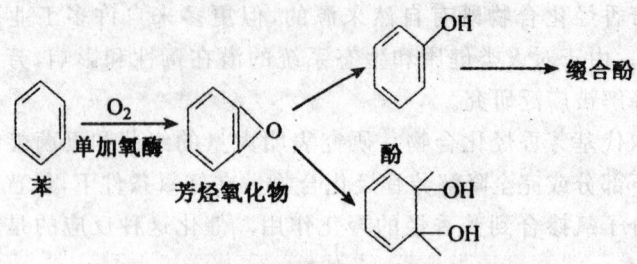

图5-8 真核微生物分解苯的过程

· 多环芳烃。多环芳烃的生物降解过程十分复杂,一般来说二环(如萘)、三环的多环芳烃(如蒽、菲)研究得较为广泛深入,而更多环,更复杂的多环芳烃(如䓛、chrysene和亚苄基芘(benzola pyrene))研究得相对较少,较不深入。总体上其降解是从攻击其一个环开始,而后再打开另一个环,最后成为单环化合物,单环化合物的生物降解类似苯的生物降解,最终完全降解。常见几种多环芳烃的酶攻击位点如图5-9所示。

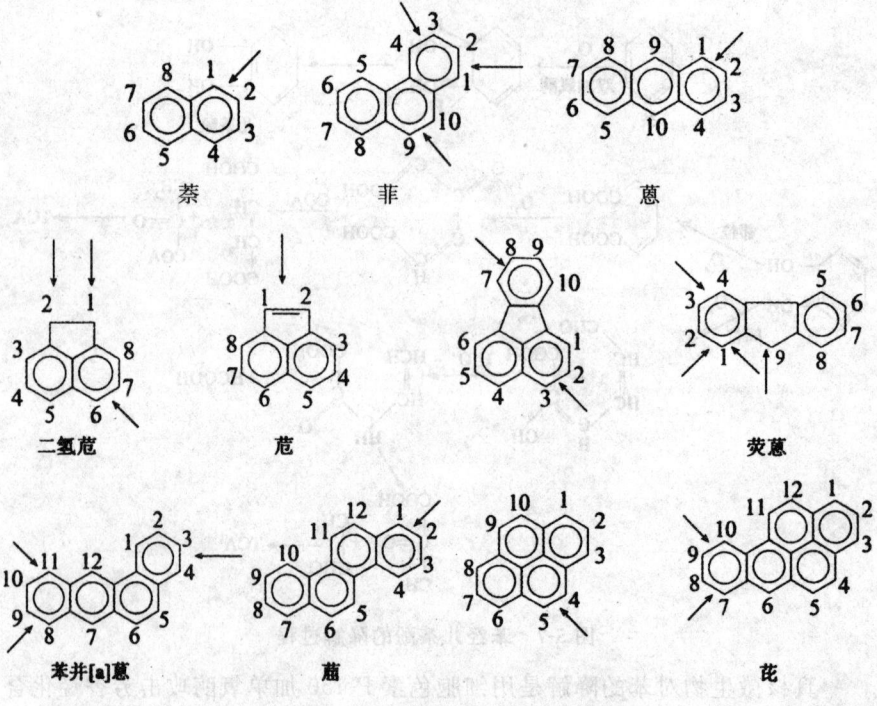

图5-9 多环芳烃酶攻击位点示意图

多环芳烃的好氧生物降解主要有 3 种途径：其一是被细菌和绿藻氧化成顺式二氢二醇(Cis-Dihydrodiols)，再经苯酚、环断裂被降解；其二是被甲烷营养菌代谢形成苯酚；其三是被真菌、细菌和蓝细菌代谢形成反式-二氢二醇(trans-Dihydrodiols)，然后进一步降解。图 5-10 显示苯并[a]蒽降解的初始步骤。

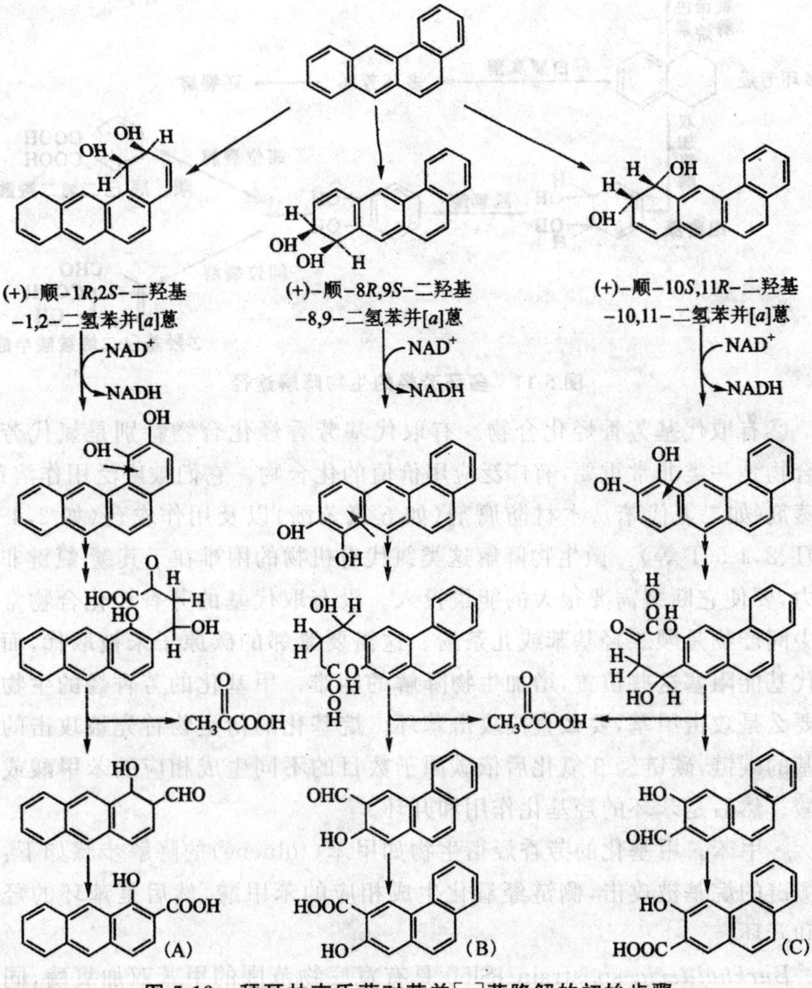

图 5-10　拜耳林克氏菌对苯并[a]蒽降解的初始步骤

在目前已知的代谢途径中，芳香环通过羟基化后经过环的开裂再进一步代谢，已成为最为显著的共性。在细菌对多环芳烃的代谢过程中有 2 个关键酶，即第一步反应的起始双加氧酶，在它的作用下完成氧对芳香环的进攻；另一个是芳香环开环裂解关键酶即邻苯二酚双加氧酶，在它的作用下使 PAHs 彻底开环裂解，生成 TCA 循环中间物(图 5-11)。

▶微生物与环境的互作及新技术研究

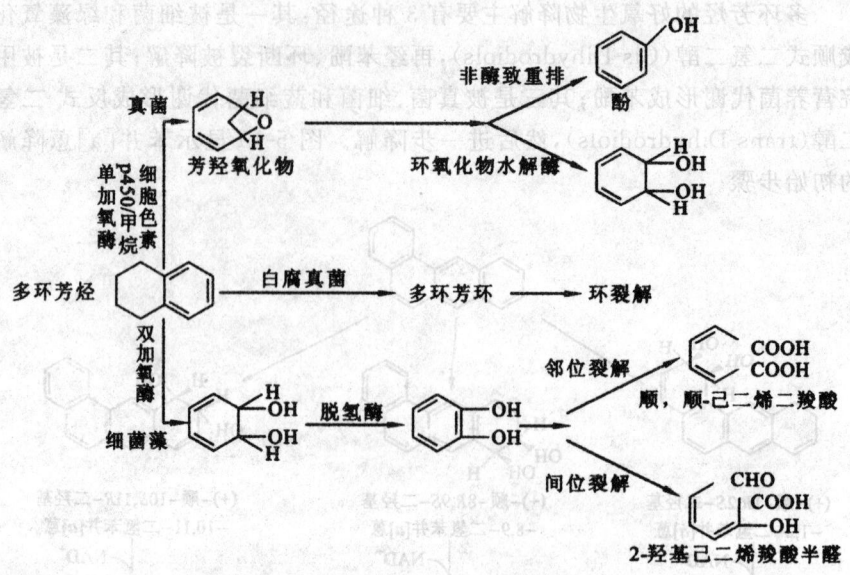

图 5-11 多环芳烃的生物降解途径

②有取代基芳香烃化合物。有取代基芳香烃化合物特别是氯代芳烃化合物是一类非常重要,有广泛应用价值的化合物。它们被广泛用作溶剂、熏蒸剂(如二氯代苯)、木材防腐剂(如五氯苯酚)以及用作农药(如 2,4-D、DDT、2,4-5-T 等)。微生物降解这类氯代有机物的困难在于其碳-氯键非常有力,要使它断裂需要很大的能量投入。没有取代基的芳香烃化合物常见的中间产物是顺二羟基苯或儿茶酚。这需要紧邻的碳原子未被取代,而氯取代基能阻塞这些位置,增加生物降解的困难。甲基化的芳香烃的生物降解要么是攻击甲基,要么直接攻击苯环。烷基化的衍生物首先被攻击的是烷基的碳链,碳链经 β-氧化后依碳原子数目的不同生成相应的苯甲酸或苯乙酸。然后是苯环的羟基化作用和开环。

• 甲苯。甲基化的芳香烃衍生物如甲苯(toluene)的降解步骤如下:首先侧链的烷基被攻击,侧链经氧化生成相应的苯甲酸,然后是苯环的羟基化和开环。

Burkholderia sp. strain JSl50 具有宽底物范围的甲苯双加氧酶,同时具有用以降解甲苯的邻-和对-单加氧酶(*ortho*-and *para*-monooxygenase)。在 JS150 中,还存在另外一组单加氧酶,这使得此细菌能进行多种烷基和氯取代单环芳香烃的降解,它们由 *tbc*1 和 *tbc*2 基因族编码,与邻-和对-单加氧酶具有一定程度同源性。实验证明这些 *tbc*(取自 toluene、benzene 和 chlorobenzene 的头一个字母)基因具有新的独特功能,这些多种不同功能氧化酶的存在是 JS150 能降解较大范围芳香烃底物的原因。*tbc*2 在非活化的烷

基和氯芳香烃初始降解中发挥作用,而 $tbc1$ 在随后降解步骤中发挥作用。

• 苯酚和甲酚。苯酚和甲酚都是简单的带取代基的苯类衍生物。苯酚经微生物单加氧酶(monoxygenase)氧化转变为邻苯二酚,邻苯二酚沿邻位裂解途径生成伊酮己二酸,然后生成乙酰 CoA 和琥珀酸,最后进一步氧化成 CO_2 和 H_2O,反应过程如图 5-12 所示。甲酚的降解途径如图 5-13 所示。

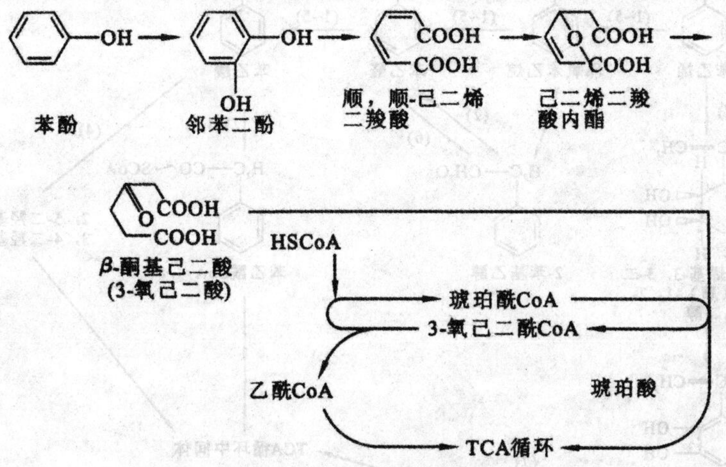

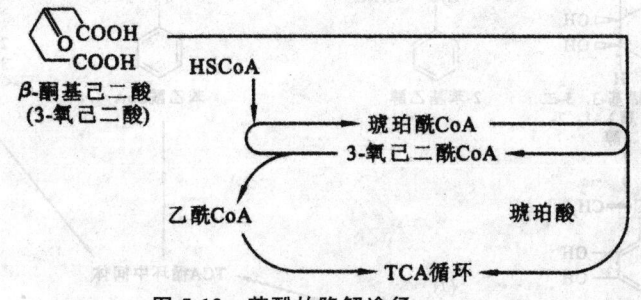

图 5-12 苯酚的降解途径

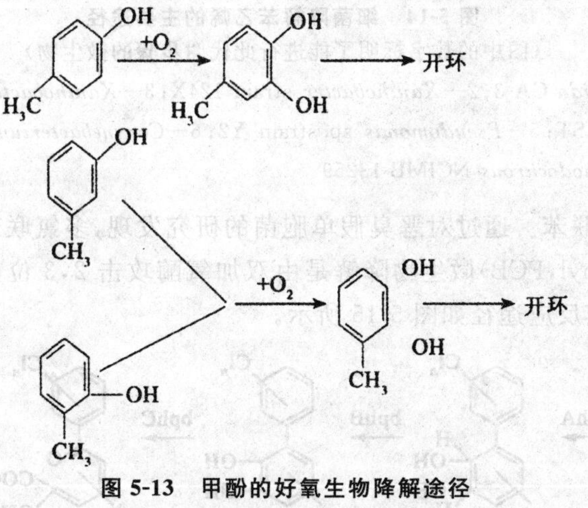

图 5-13 甲酚的好氧生物降解途径

• 苯乙烯。土壤中存在多种能降解苯乙烯的微生物,如 *Pseudomonas*、*Rhodococcus*、*Nocardia*、*Xanthobacter* 和 *Enterobacter* 等细菌。

苯乙烯的好氧降解主要有两个途径:一个途径是以乙烯基侧链的氧化开始,另一个是芳香环的直接氧化。在侧链氧化中乙烯基环氧化,然后异构化而生成苯乙醛(phenylacetaldehyde,PAAL),随后氧化到苯乙酸(phenylacetic acid,PAA)。在芳香环直接氧化中,由 2,3-双加氧酶(2,3-dioxygenase)催化生成 3-乙烯基儿茶酚(3-vinylcatechol),然后转化为乙醛和丙酮酸盐(图 5-14)。

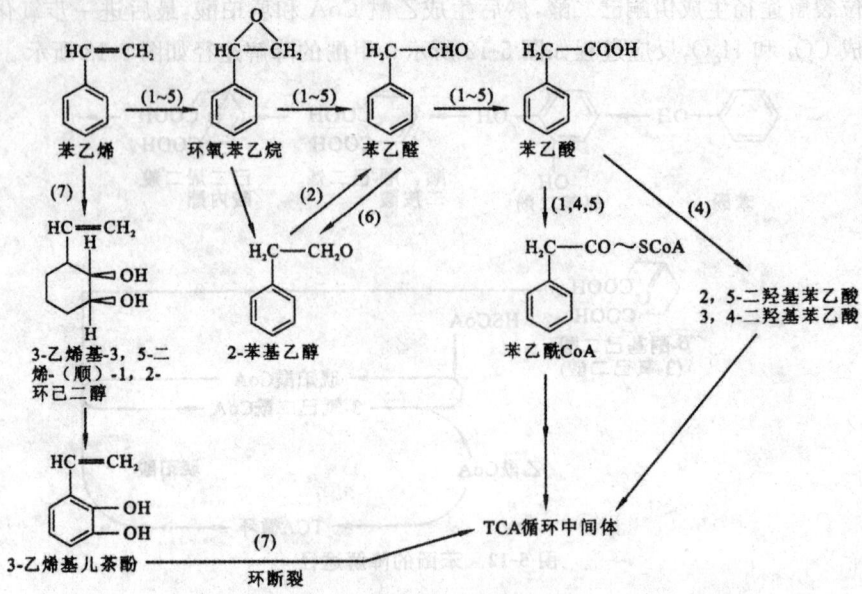

图 5-14 细菌降解苯乙烯的主要途径
(图中的数字标明了能进行此代谢步骤的微生物)

1—*P. putida* CA-3;2—*Xanthobacter* strain 124X;3—*Xanthobacter* strain S5;4—*P. fluorescens* ST;5—*Pseudomonas* sp. strain Y2;6—*Corynebacterium* strain ST;7—*Rhodococcus rhodochrous* NCIMB 13259

• 多氯联苯。通过对恶臭假单胞菌的研究发现,多氯联苯(polychlorinated biphenyl,PCB)微生物降解是由双加氧酶攻击 2,3 位(或 5,6 位)碳所引起的,其反应途径如图 5-15 所示。

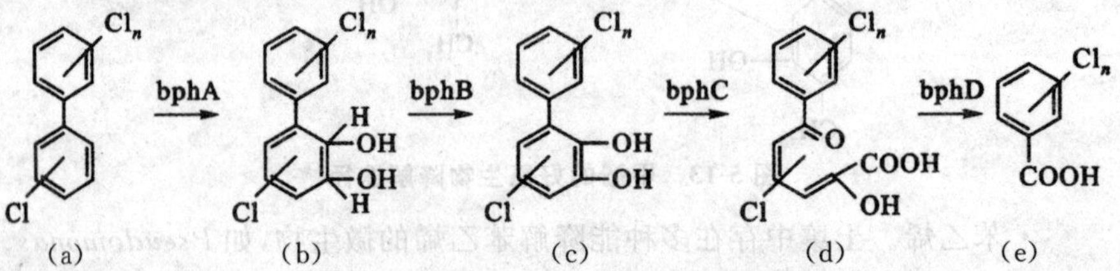

图 5-15 PCBs 的 2,3-双加氧酶降解途径
(a)PCBs;(b)2,3-二氢-2,3-二羟基氯联苯;(c)2,3-二羟基氯代联苯;(d)氯代-2-羟基-6-氧代-6-苯基-2,4-己二烯酸;(e)氯代苯甲酸 bphA—联苯 2,3-双加氧酶;bphB—2,3-二氢-2,3-二醇脱氢酶;bphC—2,3-二羟基联苯双加氧酶;bphD—2-羟基-6-氧代-6-苯基-2,4-己二烯酸氢化酶

• 二噁英。城市垃圾焚烧是二噁英最主要的来源,另外,含铅汽油的使用以及烟草燃烧也可能生成二噁英。2000 年欧洲发生的二噁英污染鸡肉事件,使得人们感觉到了二噁英对日常生活实实在在的威胁。目前已分离到假单胞菌属、地杆菌属(*Terrabacter*)、鞘氨醇单胞菌属(*Sphingomonas*)和白腐菌(*Phanerochaete sordida*)等可利用二苯并二噁英、二苯并呋喃(图 5-16)。还发现河底污泥中的微生物在产甲烷条件下可以使二噁英类化合物还原脱氯。

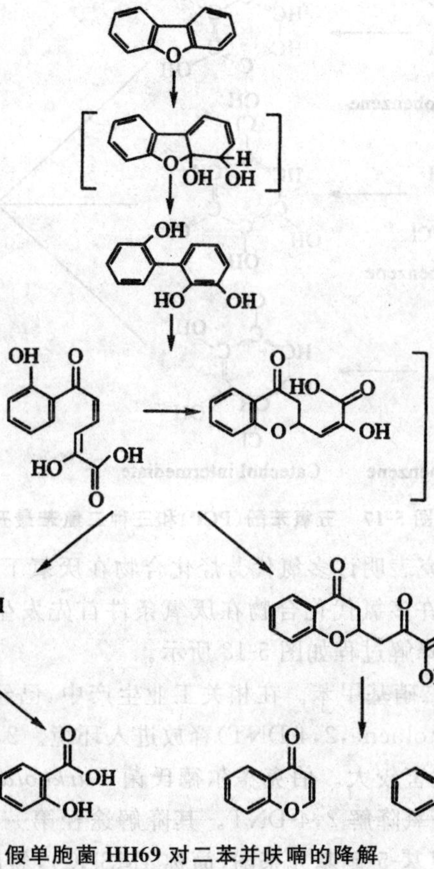

图 5-16 假单胞菌 HH69 对二苯并呋喃的降解

• 二氯代苯和五氯苯酚。氯代芳香烃化合物是最常见的带取代基的芳烃化合物。二氯代苯和五氯苯酚是常见的氯代芳香烃化合物,它们的降解途径如图 5-17 所示。

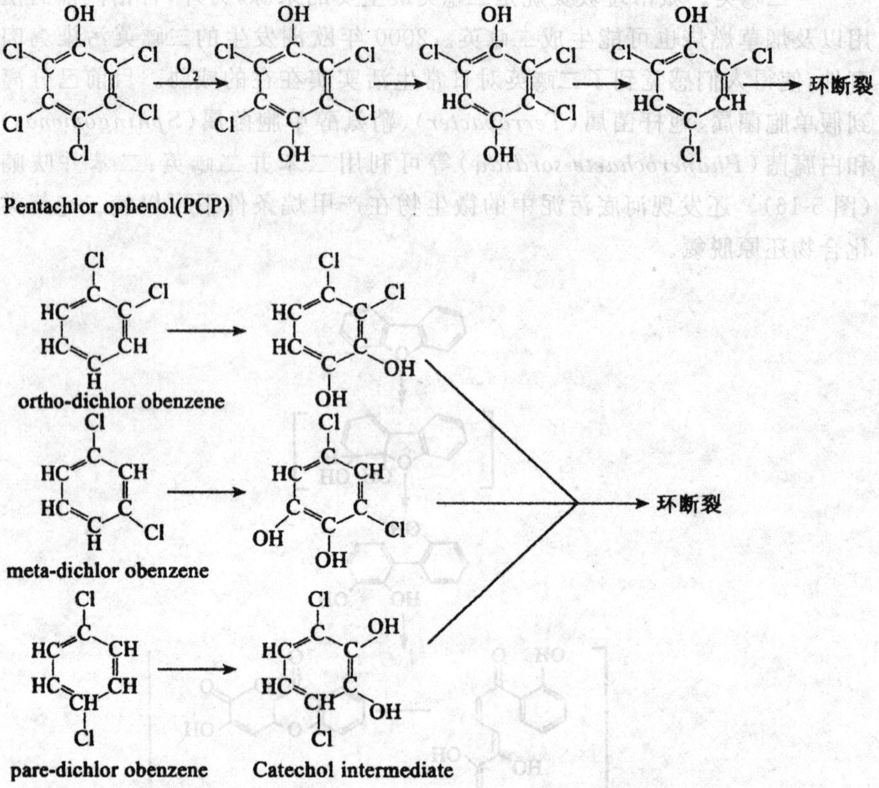

图 5-17 五氯苯酚(PCP)和三种二氯苯最开始的好氧降解

大量研究表明许多氯代芳烃化合物在厌氧下更易于生物降解,特别是还原脱氯是许多氯代化合物在厌氧条件首先发生的降解过程。五氯酚在厌氧条件的降解过程如图 5-18 所示。

· 2,4-二硝基甲苯。在相关工业生产中,已经有不少 2,4-二硝基甲苯(2,4-dinitrotoluene,2,4-DNT)释放进入环境。2,4-DNT 具有毒性和致癌性,对环境危害较大。伯克霍尔德氏菌 *Burkholderia* sp. 菌株 DNT 是好氧细菌,能好氧降解 2,4-DNT。其降解途径第一步为 2,4-DNT 双加氧反应,形成 4-甲基-5-硝基儿茶酚(简称 4MSNC),然后 4M5NC 经过单加氧反应形成 2-羟基-5-甲基醌(简称 2H5MQ)并释放出亚硝酸盐,2H5MQ 被还原为 2,4,5-三羟基甲苯(2,4,5-THT),接着 2,4,5-THT 开环断裂。相应的 *dntA*、*dntB* 和 *dntD* 基因分别编码 2,4-DNT 双加氧酶、4M5NC 单加氧酶和 2,4,5-THT 加氧酶(图 5-19)。

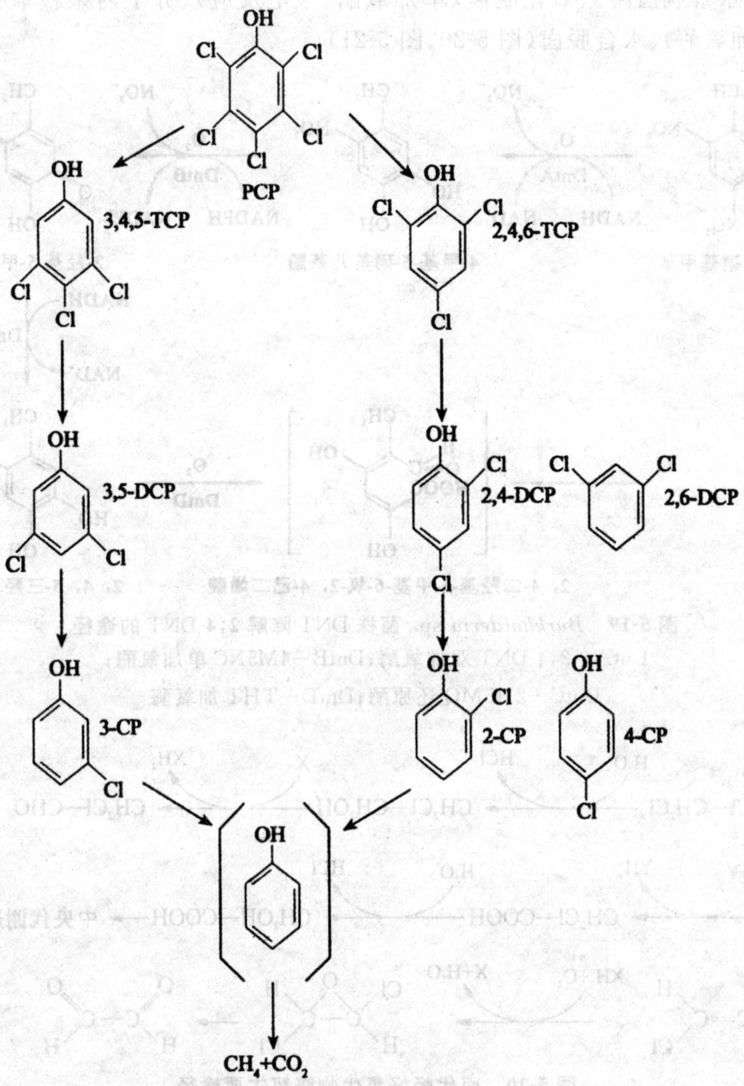

图 5-18 五氯酚(PCP)厌氧条件下的生物降解

(4)卤代烃的生物降解。几乎所有的卤代烃都有较强的毒性，它们能够抑制生物体的中枢神经，麻醉肌肉、减弱反射功能、放缓呼吸，导致呼吸停止而死亡。一些种类也会诱发原生质障碍、心脏障碍等，对肝、肾、胰脏也有严重的危害。

卤代烃的微生物降解关键在于脱卤，催化这一反应的酶可直接作用于C—Cl键，或与氧结合形成不稳定的中间代谢产物。目前在好氧细菌中发现卤代烃有 5 种脱卤机制，包括：亲核置换（谷胱甘肽转移酶，GST）、水解脱卤(水解脱卤酶)、氧化脱卤(单加氧酶,亲电反应)、分子内亲核取代(单或双加氧酶)、水合脱卤(图 5-20、图 5-21)。

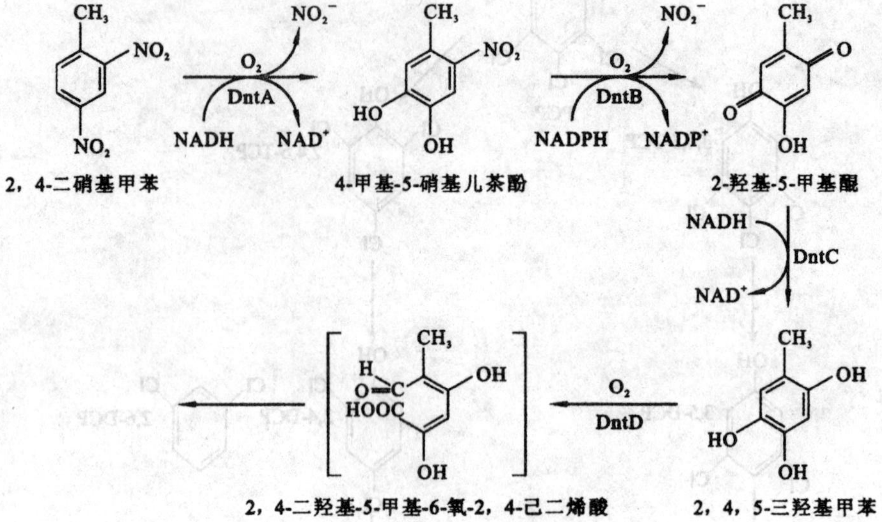

图 5-19 *Burkholderia* sp. 菌株 DNT 降解 2,4-DNT 的途径
DntA—2,4-DNT 双加氧酶;DntB—4M5NC 单加氧酶;
DntC—2H5MQ 还原酶;DntD—THT 加氧酶

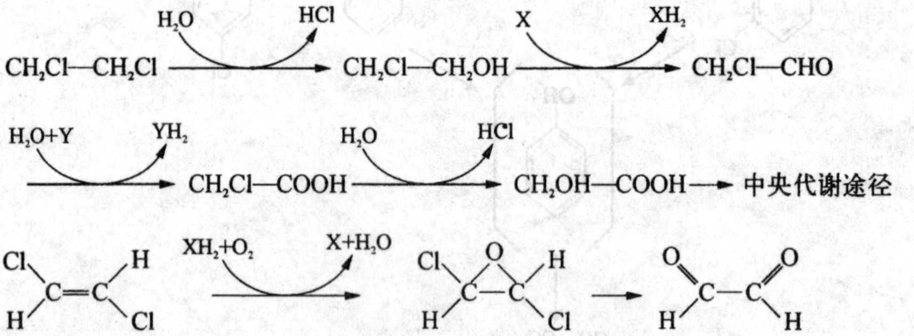

图 5-20 卤代烃好氧生物降解主要途径

5.1.3.3 石油降解微生物的实际应用

(1)石油探查。与液态和固态石油组分相联产生的尚有气态的甲烷、乙烷与丙烷等。在石油蕴藏区,这些气体可能渗漏到地面,为利用这类化合物的细菌提供生长所需的碳源,因此凡有这类菌存在的地方就意味着其下地层中可有石油贮存。由于在许多与石油无关的系统中都能经生物学途径产生甲烷,故以甲烷利用菌来探查石油不一定准确。乙烷的大量产生往往只与石油有关,因此,常通过检测乙烷利用菌来指示石油贮藏处所。

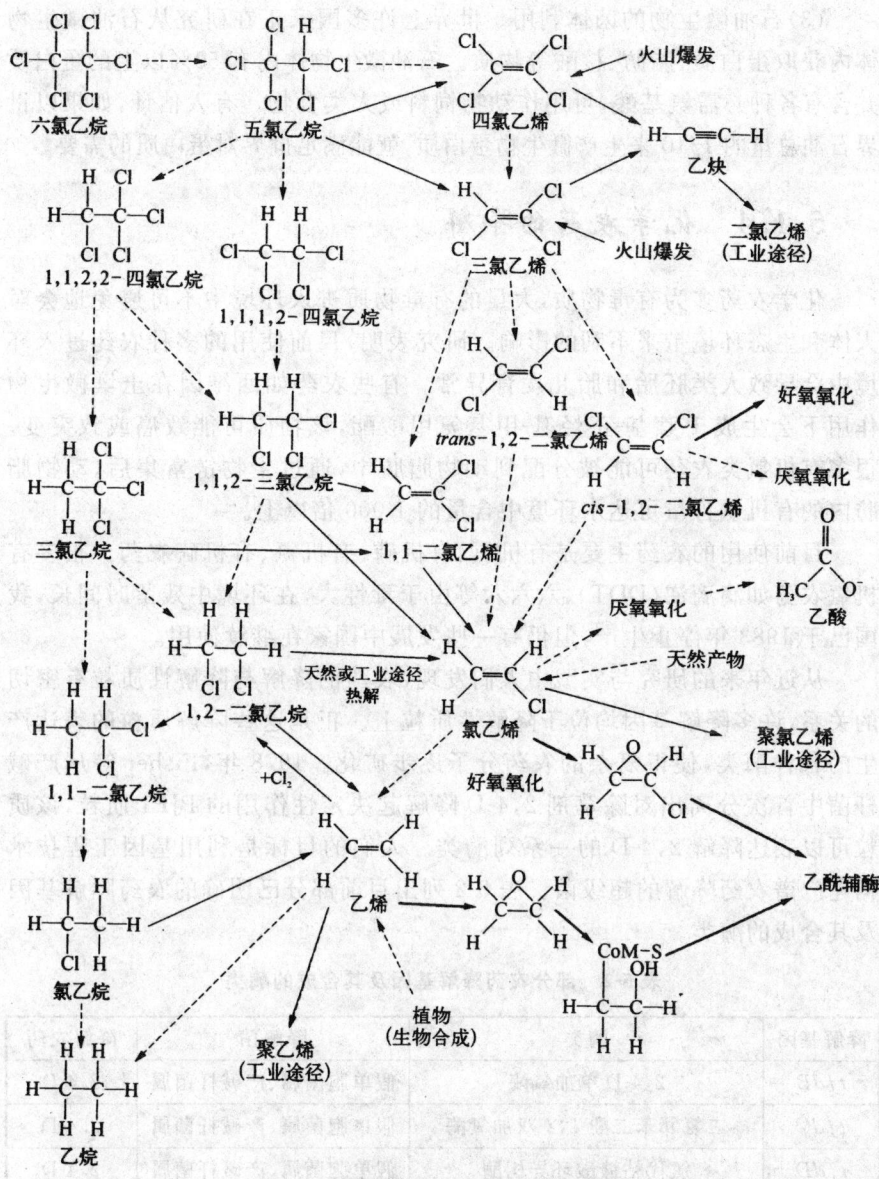

图 5-21 环境中卤代烃的降解途径
图中粗线表示好氧生物作用过程,虚线表示厌氧生物过程,实线表示非生物过程

(2)石油精炼脱蜡。许多石油产品由于某种要求,例如航空燃料需要低凝点,一般要经过脱蜡加工。工业上常用的低温法和尿素法脱蜡,设备复杂,溶剂和动力消耗很大。法国用酵母菌培养将柴油发酵,使油的凝固点自 9℃降到 −40℃。能脱蜡的微生物有降脂假丝酵母(Candida lipolytica)、球拟酵母、粉孢霉、诺卡氏菌等。

(3) 石油微生物的菌体利用。世界上许多国家正在研究从石油微生物体内获取蛋白质、脂肪、核酸等物质。石油微生物体内有 50% 以上的蛋白质并含有各种必需氨基酸,可用作动物饲料或人类食物。有人估计,如果以世界石油总量的 1/10 来生产微生物蛋白质,就能满足世界对蛋白质的需要。

5.1.4 化学农药的降解

化学农药多为有毒物质,大量的有毒物质进入环境中不可避免地会对人体和生态环境带来不利的影响。研究表明,目前使用的多种农药进入环境中会导致人类胚胎和胎儿发育异常。有些农药如西维因在土壤微生物作用下会生成 1-萘基-正烃基-甲基氨甲酸酯,该物质可能致癌或致突变。很多有机氯类农药可能被分配到动物脂肪中,通过生物链富集后,动物脂肪内的有机氯含量可达水环境中含量的 1 000 倍以上。

目前使用的农药主要是有机氯、有机磷、有机氮、有机硫农药。很多有机氯农药如滴滴涕(DDT)、六六六等由于毒性大,在环境中残留时间长,我国已于 1983 年停止生产,但仍有一些发展中国家在继续使用。

从近年来的研究与实践中人们发现,农药的降解与降解性质粒有密切的关系,许多降解基因均位于降解性质粒上。正是这些降解质粒的表达产生的各种酶类,使得复杂的农药分子逐步矿化。1978 年,Fisher 等从产碱杆菌中首次分离出对除草剂 2,4-D 降解起决定性作用的 PJP1 质粒,该质粒可以表达降解 2,4-D 的一系列酶类。人们的目标是利用基因工程技术构建广谱农药降解的超级菌。表 5-2 列出目前部分已明确的农药降解基因及其合成的酶类。

表 5-2　部分农药降解基因及其合成的酶类

降解基因	酶类	降解菌	降解农药
tfdB	2,4-D 单加氧酶	假单胞菌属、产碱杆菌属	2,4-D
tfdC	二氯邻苯二酚 1,2-双加氧酶	假单胞菌属、产碱杆菌属	2,4-D
tfdD	氯代粘糠酸环异构酶	假单胞菌属、产碱杆菌属	2,4-D
tfdE	二烯内酯水解酶	假单胞菌属、产碱杆菌属	2,4-D
opd	对硫磷水解酶	假单胞菌属、黄杆菌属	对硫磷
mcd	呋喃丹水解酶	无色杆菌属	呋喃丹
atzA	阿特拉津水解酶	假单胞菌属	阿特拉津
atzB	阿特拉津乙胺基水解酶	假单胞菌属	阿特拉津
atzC	N-异丙基氰尿酰胺异丙基水解酶	假单胞菌属	阿特拉津

5.1.4.1 微生物代谢农药的方式及途径

(1) 微生物代谢农药的方式。微生物代谢农药有酶促方式和非酶方式两种。

酶促方式有以下几种：

① 分解代谢。分解代谢是以农药为能源的代谢，多发生在农药的化学结构适合于微生物降解及可作为微生物的碳源被利用且农药浓度较高时。

② 共代谢。共代谢是不以农药为能源的代谢，一般通过广谱酶(水解酶、氧化酶等)进行。

③ 解毒代谢。解毒代谢是微生物抵御外界不良环境的机制，常见反应为封闭毒性基团的结合反应。

非酶方式有以下几种：

① 微生物以自己的代谢物作为光敏物，吸收光能并将能量传递给农药分子，或作为电子受体或供体，参与农药的转化。

② 通过改变 pH 发生作用。

③ 通过产生辅助因子促进其他反应进行。

(2) 微生物代谢农药的途径及后果。目前，还难以预见每种农药的生物降解途径，但可归纳出几种普遍存在的反应类型，如氧化、还原、酰胺及酯的水解、缩合或共轭形成等，这些反应可以使农药发生脱卤、脱烃、环裂解等变化。

① 脱卤作用。该作用在农药的降解中比较常见。许多卤代烃农药的降解都是通过这种作用，如六六六脱氯后生成氯苯：

② 脱烃作用。此作用主要发生在烃基连接在 N、O、S 原子上的某些农药中。如均三氮苯和甲苯类化合物，在微生物的作用下，先进行脱烃，再脱氨基，后转化为带羟基的衍生物。

③ 酯和酰胺的水解。很多农药是酰胺类，如苯胺类除草剂(苯基氨基甲酸酯类、苯基脲类、丙烯酰替苯胺类)、磷酯类杀虫剂(对硫磷、马拉硫

▶微生物与环境的互作及新技术研究

磷)。微生物先通过水解这些化合物中的酯键或酰胺键,再进一步使其降解。如马拉硫磷的降解:

$$R_1R_1'P(S)-S-CH(CH_2-C(O)-R_2)-C(O)-R_2 \xrightarrow{\text{假单胞菌}, H_2O} R_1R_1'P(S)-SH + HO-CH(CH_2-C(O)-R_2)-C(O)-R_2$$

④氧化作用。微生物在加氧酶的催化下,使 O_2 进入有机分子,特别是进入带芳环的有机分子中,有的是加进一个羟基,有的形成一种环氧化物。

⑤还原作用。还原作用主要是硝基(—NO_2)被还原为氨基(—NH_2),如对硫磷在微生物的作用下发生的还原反应:

$$NO_2\text{-}C_6H_4\text{-}O\text{-}P(S)(OC_2H_5)_2 \xrightarrow{\text{还原}} NH_2\text{-}C_6H_4\text{-}O\text{-}P(S)(OC_2H_5)_2 \xrightarrow{\text{磷酸酶}, H_2O} NH_2\text{-}C_6H_4\text{-}OH + HO\text{-}P(S)(OC_2H_5)_2$$

⑥环裂解。芳环在单氧酶的催化下发生羟基化,生成邻苯二酚,然后由双氧酶催化裂解成黏康半醛类或黏康酸类。下面是 2,4-D 丁酸的裂解反应。

2,4-D 丁酸 → $CH_3CH_2CH_2COOH$ + $CH_3CH=CHCOOH$

2,4-二氯苯酚 → 3,5-二氯邻苯二酚 → α-氯己二烯二酸 → $CO_2 + H_2O + Cl^-$

4-氯邻苯二酚 → β-氯己二烯二酸

一般来说,农药的微生物降解与转化有以下不同的结果。

①解毒作用。将农药降解为无毒物质。

②结合作用。农药与微生物结合后,产物虽然更复杂,但多数为无毒物。

③改变毒性谱。农药被微生物代谢后,受其毒害的生物种类发生改变。

第5章 微生物对污染物的降解与转化

④活化作用。农药被转变为更毒的或致癌的物质。

⑤消效作用。原来具有潜在毒作用的物质被转化为无毒物。

在利用微生物降解与转化环境中的农药时,要尽量使反应向解毒、结合和消效方向进行,避免毒性谱改变和活化作用发生。利用基因工程的方法改造微生物,有助于实现上述目标。

5.1.4.2 几种农药的生物降解

(1)阿特拉津的降解。阿特拉津(atrazine)是一种在过去30年中一直被广泛使用的除草剂,已分离出多种能以这种除草剂为唯一氮源的微生物。降解阿特拉津的微生物有假单胞菌属、诺卡氏菌属和红球菌属中的某些种,其中假单胞菌 ADP 菌株的降解能力被广泛研究,其所带质粒 pADP-1 编码的酶可把阿特拉津降解成氰尿酸(cyanuric acid),而染色体上的基因编码的酶可以使降解产物进一步降解。阿特拉津的降解过程如图 5-22 所示。主要包括 3 个过程:脱烷基(即脱乙基或脱异丙基过程)、水解(即脱氯,用羧基取代)、开环。

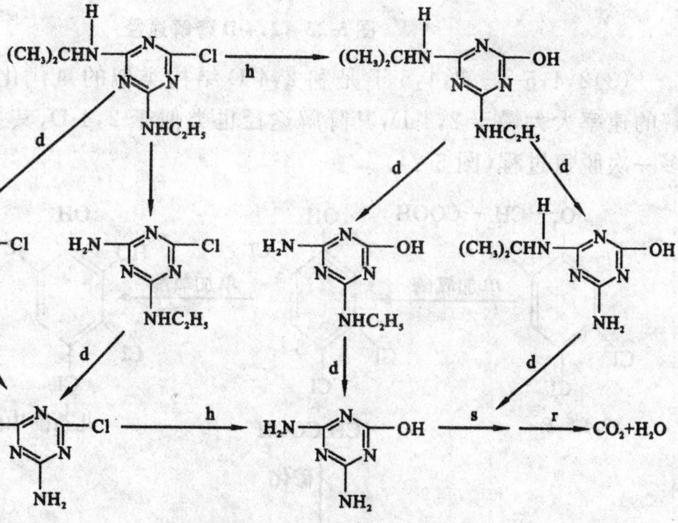

图 5-22 阿特拉津的降解途径
d—脱烷基;h—水解;s—键修饰;r—开环

(2)2,4-D。2,4-D(2,4-二氯酚乙酸 2,4-dichlorophenoxy acetic acid)是一种被广泛使用的农药,在高浓度下有良好的除草作用,在低浓度下有刺激植物生长的作用。

许多降解 2,4-D 的菌株已从全世界的各地分离出来,其中真养产碱菌(*Alcaligenes autrophus*)JMP134 及其降解质粒 PJP4 被深入研究。其对

2,4-D 的降解途径在含酸有机氯化合物中具有代表性,特别是其对 2,4-D 的降解分别是由降解质粒和染色体联合编码的。最终降解过程导致琥珀酸的形成,氯被脱除。琥珀酸是一种生化中间代谢产物,进入中央代谢途径,以产生 CO_2 和 H_2 或掺入微生物生物量。能降解 2,4-D 的土壤细菌除产碱菌外,还包括节杆菌属、假单胞菌属、黄杆菌属、伯克霍尔德氏菌属(Burkholderia)、红育菌属(Rhadoferax)、不动杆菌属、棒杆菌属(Corynebacterium)、红假单胞菌属和鞘氨醇单胞菌属(Sphingomonas)。2,4-D 的降解途径如图 5-23 所示。

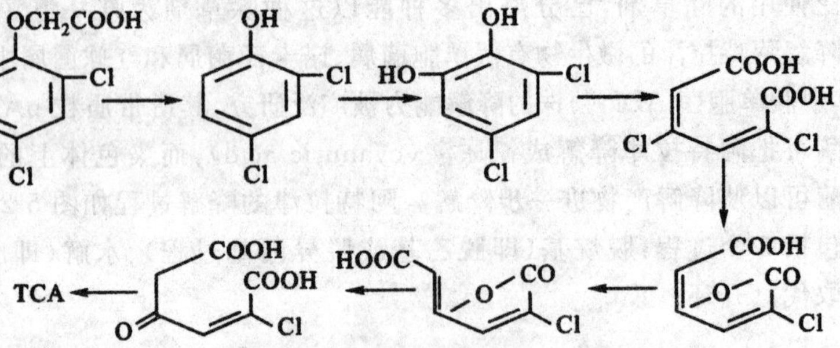

图 5-23 2,4-D 降解途径

(3) 2,4,5-T。2,4,5-T 是和 2,4-D 结构类似的氯代化合物,其生物降解的速率大大慢于 2,4-D,其降解途径也类似于 2,4-D,其主要的差异在于多一次脱氯过程(图 5-24)。

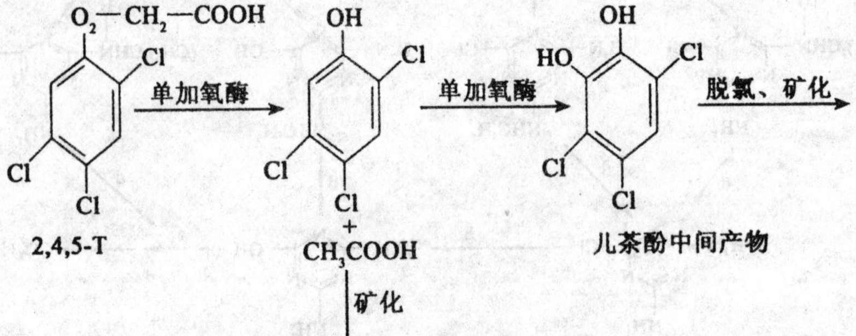

图 5-24 2,4,5-T 的生物降解

(4) DDT 的降解。微生物中的某些霉菌如互生毛霉、镰泡霉、木霉、细菌中的产气气杆菌及放线菌中某些种能转化 DDT。

微生物能转化 DDT,但至今尚未分离到一种菌可以将 DDT 作为唯一碳源及能源而将之分解。

微生物对 DDT 类代谢的主要途径是脱氯、还原与羟基氧化过程。DDT 因其分子中特定位置上的氯原子而使其难于降解,DDT 的类似物由于没有这类氯原子而能较快转化成酚或苯酸。因此，DDT 降解的关键在于脱氯。

DDT 在厌氧条件下分解较快。DDT 可通过图 5-25 的途径而降解成一系列脱氯化合物，也就是 DDD、DDMS 和 DDYS 等。

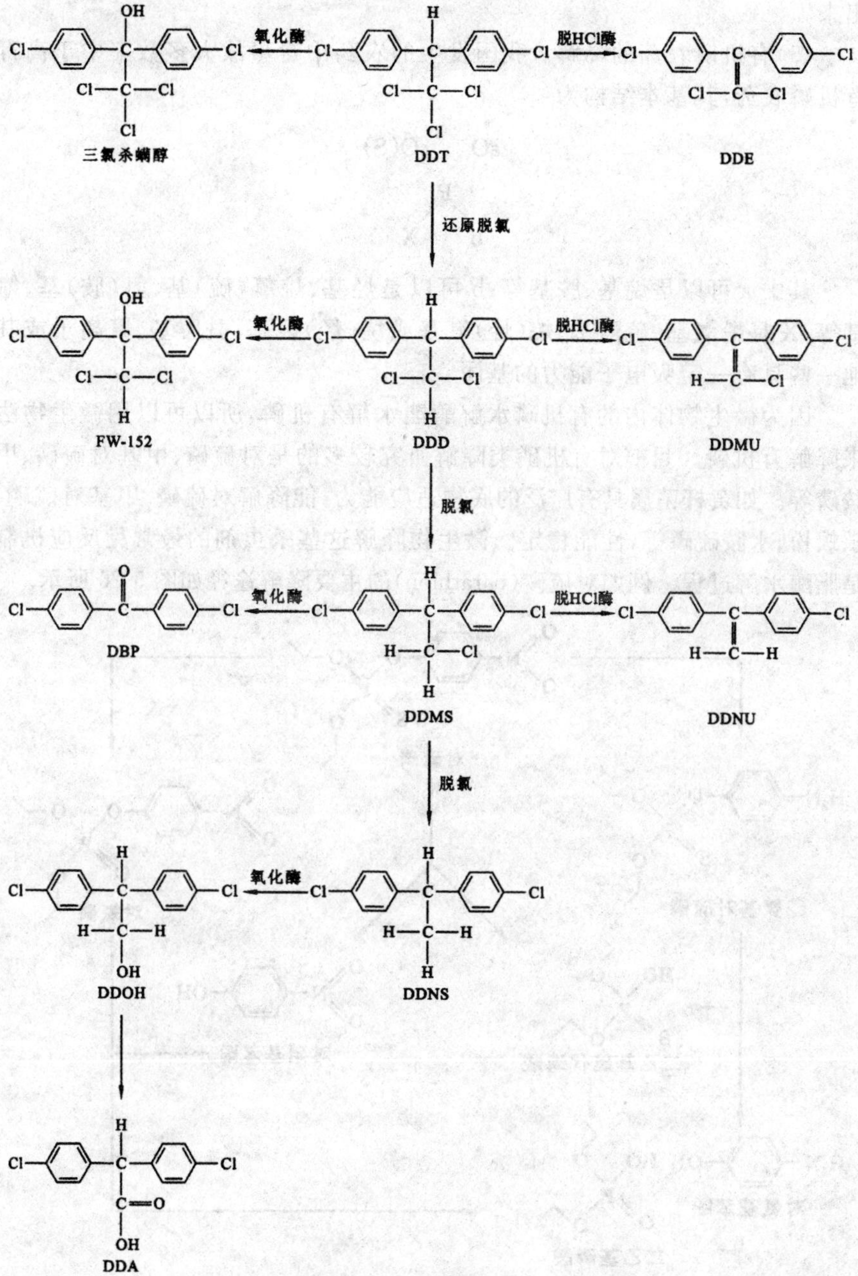

图 5-25 微生物降解 DDT 的一般途径

此外，微生物的氧化酶系统使 DDT 和 DDD 羟基化，分别形成三氯杀螨醇和 FW-152，脱氯化氢系统使 DDT、DDD 和 DDMS 分别形成 DDE、DDMU 和 DDNU。目前至少已有 20 种 DDT 类的不完全降解产物分离出来。

(5) 有机磷农药的降解。我国发生的农药中毒事故大多数集中于高毒有机磷农药，其基本结构为：

$$\begin{array}{c} aO \quad O(S) \\ \diagdown \; \diagup \\ P \\ \diagup \; \diagdown \\ b \quad X \end{array}$$

其中 a 可以是烷基、胺基等；b 可以是烃基、烷氧（硫）基、氨（胺）基、氰基等；X 是酚氧基、硫酚基、烷（烃）氧基或烷（烃）硫基、酰胺基、氟离子或其他一些具有一定吸电子能力的基团。

因为微生物体内的有机磷水解酶能水解有机磷，所以可以用微生物法来降解有机磷。目前对有机磷类降解研究较多的是对硫磷、甲基对硫磷、甲胺磷等。如黄杆菌属具有广泛的底物适应能力，能降解对硫磷、甲基对硫磷、杀螟松、水胺硫磷等，性能稳定。微生物降解这些杀虫剂的最常见反应机制是脂酶水解过程。例如对硫磷（parathion）的主要降解途径如图 5-26 所示。

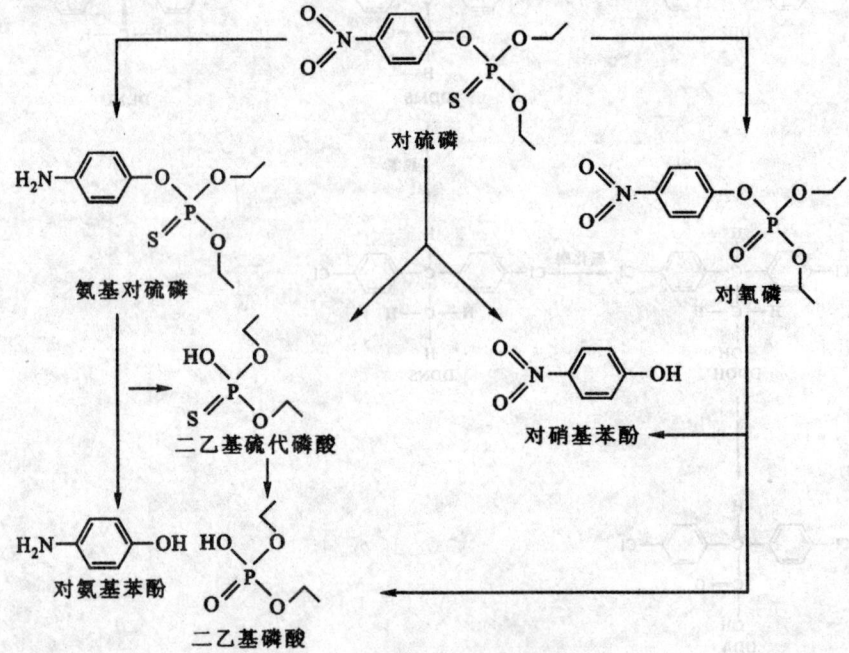

图 5-26　对硫磷的主要降解途径

另一广泛使用的有机磷农药为甲胺磷,微生物可通过甲胺脱氢酶、磷酸二酯酶、酸性磷酸酯酶等打破 N—P、S—P、O—P 键。甲胺磷的微生物的降解途径如图 5-27 所示。

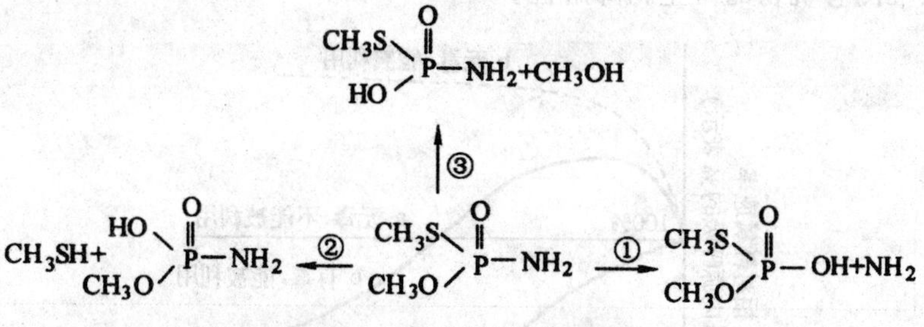

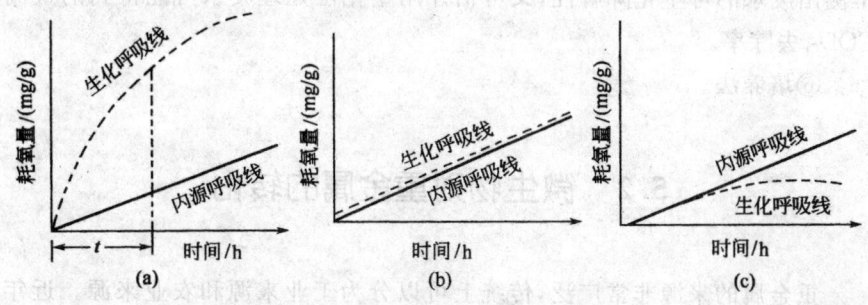

图 5-27 甲胺磷的降解途径

5.1.5 有机污染物生物降解性的测定方法

以下为有机污染物生物降解性常用的测定方法。

① 测定生物氧化率。在一定程度上反映了有机物生物降解性的大小。

② 测定呼吸线。把各种有机物的生化呼吸线与内源性呼吸线相比可能出现如图 5-28 所示的 3 种情况。

图 5-28 活性污泥生化呼吸曲线

③ 测定相对耗氧速率。相对耗氧速率是指活性污泥对某浓度有机物的耗氧速率与该浓度的内源耗氧速率之比。它是评价活性污泥微生物代谢活性的重要指标。

如果保持生物量不变,改变底物浓度,就可以测出不同浓度下的相对耗氧速率。相对耗氧速率曲线,如图 5-29 所示。

④ 测 BOD_5 与 COD_{Cr} 之比。BOD_5 是五日生化需氧量,即在人工控制条件下,微生物在 5 天内分解有机物所消耗的溶解氧的量。COD 指用化学氧化剂氧化水中有机污染物时所需的氧量。COD_{Cr} 表示以重铬酸钾作为氧

化剂,重铬酸钾作氧化剂除一部分长链脂肪族化合物、芳香族化合物和吡啶等含 N 杂环化合物不能氧化外,大部分的有机物都能被氧化,所以 COD_{Cr} 近似地反映了废水中的全部有机物。根据 BOD_5/COD_{Cr} 值的大小,可以推测有机物的可生物降解性。

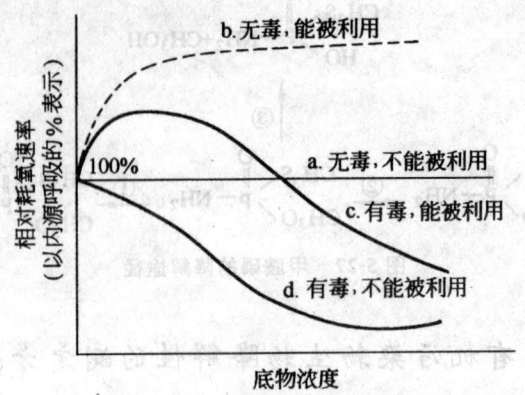

图 5-29 相对耗氧速率曲线

⑤测 COD_{30}。即起始 COD_{Cr}(即 COD_0)和第 30 天的 COD_{Cr}。经生化处理后废水 COD 的最高去除率大致为 $\dfrac{COD_0-COD_{30}}{COD_0}\times 100\%$。据此既可推测出废水的可生化降解性,又可估计用生化法处理废水可能得到的最高 COD_{Cr} 去除率。

⑥培养法。

5.2 微生物对重金属的转化

重金属的来源非常广泛,传统上可以分为工业来源和农业来源。近年来,在燃料燃烧、采矿、冶金、生产和施用农药等过程中,大量的重金属元素以各种各样的化学形态排入土壤及河流、湖泊和海洋等水体中,危害土壤、水生生态环境。

许多重金属作为微量元素是生物代谢所必需的,同时重金属也是地壳的天然组成部分。重金属一般不会对生物产生危害,但超过一定浓度,便会对生物产生毒害。如今重金属污染已经成为危害人类健康和影响人类生活质量的一种全球性公害。

各种重金属元素可由多种来源进入环境,包括燃料的燃烧、施用农药、采矿、冶金、化学工业等。汞矿的开采和化学燃料的燃烧每年释放到环境中的重金属汞元素约为 40 000 t。全球每年由矿物燃料进入空气的重金属元素镍近 70 000 t，砷约 4 000 t。

重金属元素对于微生物的生长主要有两方面的作用：其一，它可作为细胞和酶的组成部分，也可作为能源物质支持微生物的生长；其二，微生物可利用重金属元素作为电子受体进行代谢活动。微生物对重金属的转化机制包括重金属价态的改变，重金属的有机化及有机重金属化合物的无机化。微生物通过富集作用和氧化还原作用使重金属价态改变，从而影响重金属的生物毒性及其理化性质，并进一步影响重金属的地球生物化学循环。利用微生物的这些特性可进行微生物冶金，同时也可以进行金属污染的生物修复。

5.2.1 汞的转化

环境中存在着金属汞、有机汞化合物和无机汞化合物 3 种形态的汞。以无机汞化合物毒性最小，烷基汞是迄今所知毒性最剧的汞化物。甲基汞的毒性比无机汞高 50～100 倍。1953～1961 年日本流行的"水俣病"，即因该地渔民长期食用含甲基汞的鱼类而致毒，表现为神经紊乱等症状，重则丧生，造成闻名世界的"水俣病事件"。

汞的微生物转化主要方式是生物甲基化和还原作用。

(1) 甲基化作用。有些微生物，能将无机汞经甲基化（methylation）而生成甲基汞（一甲基汞或二甲基汞）：

$$Hg^{2+} \xrightarrow{RCH_3} CH_3Hg^+ \xrightarrow{RCH_3} (CH_3)_2Hg$$

在甲基化过程中，需要有一种甲基传递体存在，甲基钴氨素（即甲基维生素 B_{12}）即扮演着这一角色。甲基钴氨素结构式及简式如图 5-30 所示。甲基钴氨素在辅酶作用下反应生成甲基汞。

实验指出，在厌氧条件下培养基中加有钴氨素（维生素 B_{12}）及半胱氨酸时，有促进匙形梭菌（*Clostridium cochlearium*）等菌生成甲基汞的作用。

实验室内，不论在有氧与无氧条件下均可进行此种甲基化作用。曾经研究多种好氧与厌氧微生物有生成甲基汞的能力。已报道的微生物有：厌氧性微生物如某些甲烷生成菌、匙形梭菌；好氧性微生物中如荧光假单胞菌、草分枝杆菌（*Mycobacterium phlei*）、大肠杆菌、产气肠杆菌以及巨大芽孢杆菌等。真菌中曾报道过的有黑曲霉、短柄帚霉（*Scopulariopsis brevicaulis*）、酿酒酵母、粗糙脉孢菌（*Neurospora crassa*）等。

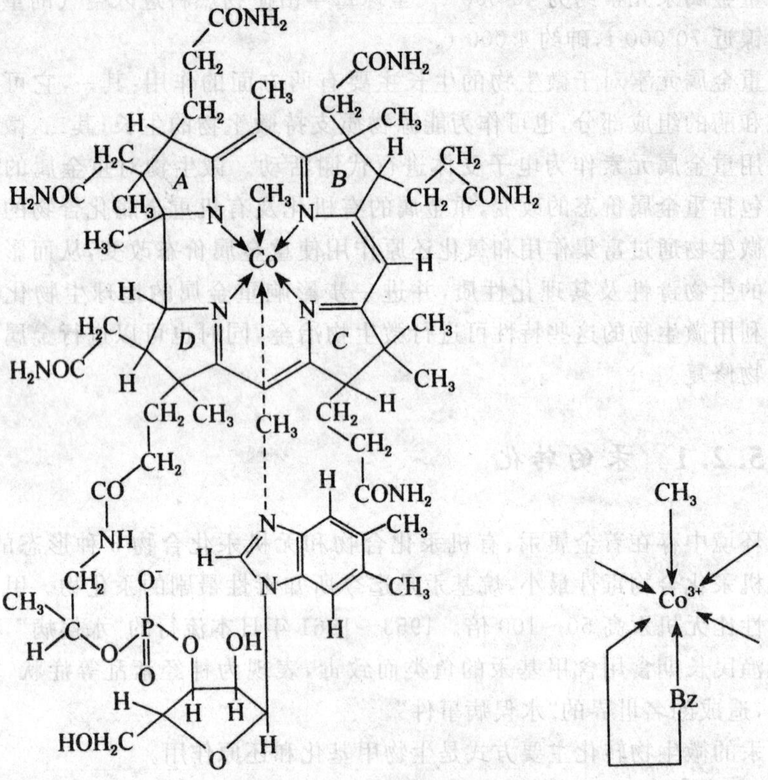

图 5-30 甲基钴氨素结构式及简式

哺乳动物肠道细菌亦可能生成甲基汞。曾经从大鼠肠道内分离得到乳杆菌、链球菌、大肠杆菌、厌氧杆菌等,其中以大肠杆菌对汞的甲基化作用最强。又曾报道,人体中分离得到的葡萄球菌、链球菌、大肠杆菌、酵母菌等并包括某些厌氧菌在内,其中大多数能合成甲基汞。

(2)还原作用。自然界中存在着另一类能使有机汞或无机汞化物还原为元素汞的微生物,统称之为抗汞微生物。其还原过程为:

$$CH_3Hg^+ + 2H \longrightarrow Hg + CH_4 + H^+$$
$$HgCl_2 + 2H \longrightarrow Hg + 2HCl$$

抗汞微生物中以假单胞菌属为常见。苯基汞及乙基汞能被微生物还原为元素汞与苯、乙烷;醋酸苯汞在通气情况下可被转化成元素汞与二苯汞。大肠杆菌能将 $HgCl_2$ 还原生成 Hg。

如图 5-31 所示是 J. M. Wood 提出的自然界汞循环图。

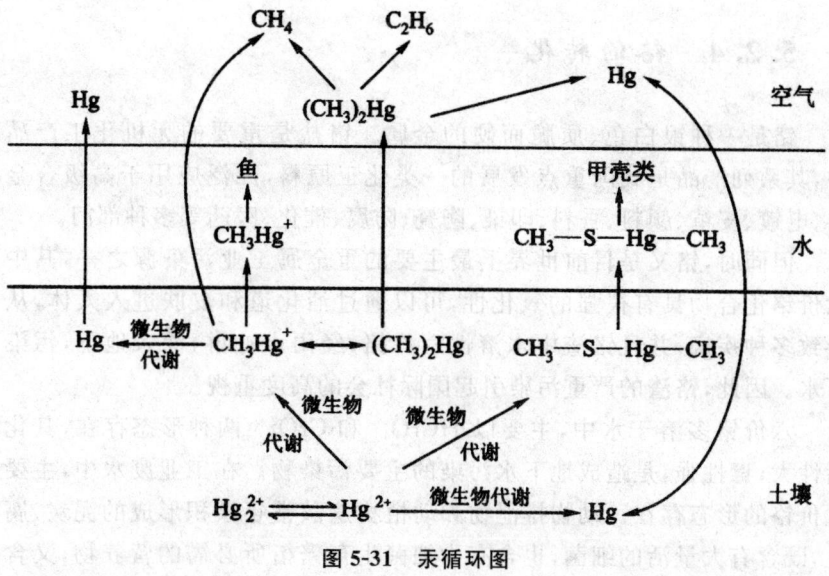

图 5-31 汞循环图

5.2.2 镉的转化

镉是提取锌的副产品,多用于电镀工业,其次用于制造合金、焊料、染料和涂料色素,以及用于制造塑胶的稳定剂。镉可致癌,人体吸收过多容易致癌、引起糖尿病,形成骨质软化,关节疼痛、骨折及骨骼变形等。

某些细菌和真菌在有锡的情况下生长时,能积累大量镉。微生物也能使镉甲基化。一株能使锡甲基化的假单胞杆菌在有维生素 B_{12} 时,由无机 Cd^{2+} 生成微量挥发性镉化物,后者把甲基非生物的转移给 Hg^{2+},结果生成甲基汞。

5.2.3 铅的转化

铅在地球上的分布很广,用途也非常广泛。微生物可使铅甲基化。如甲单胞菌、产碱杆菌、黄杆菌和气单胞菌的纯培养物,在化学成分限定的培养基中可以由三甲基醋酸铅生成四甲基铅。湖泊的水-沉积物体系在厌氧条件下,也可以由微生物生成四甲基铅。在实验室内,将适当的碳、氮养料加至几个大湖的底泥样品中,经过培养,可见有挥发性的四甲基铅 $(CH_3)_4Pb$ 产生;如果再加入其他铅化物,如硝酸铅、乙酸三甲基铅 $(CH_3)_3PbOCOCH_3$,则可使底泥中 $(CH_3)_4Pb$ 产生得更多。

5.2.4 铬的转化

铬是一种银白色、质脆而硬的金属。铬盐是重要的无机化工产品之一,其系列产品是我国重点发展的一类化工原料,广泛应用于高级合金材料、电镀、皮革、颜料、香料、印染、陶瓷、防腐、催化、医药等多种部门。

但同时,铬又是目前世界上最主要的重金属工业污染源之一,其中的六价铬化合物具有很强的氧化性,可以通过消化道和皮肤进入人体,从而导致多种疾病,并且铬渣中水溶性六价铬,经雨水冲淋,深入地下,污染地下水。因此,铬渣的严重污染引起国际社会的高度重视。

六价铬多溶于水中,主要以 $HCrO_4^-$ 和 CrO_4^{2-} 两种形态存在,其化学活性大,毒性强,是造成地下水污染的主要污染物。在工业废水中,主要以六价铬的形态存在。动物排泄物和动植物遗骸常年累积形成的泥炭、腐殖土,既含有大量活的细菌,也含有为细菌生存繁衍所必需的营养物,又含有大量强还原性的其他有机物,通过生物还原反应,将六价铬还原为三价铬。六价铬在厌氧的情况下会还原为三价铬,而且三价铬毒性很低。因此六价铬还原为三价铬后被吸附或生成氢氧化铬沉淀是水溶液中去除六价铬的重要途径。

六价铬是强氧化剂,特别是在酸性溶液中,可与还原性物质强烈反应,生成三价铬:

$$Cr_2O_7^{2-} + 14H^+ + 6e^- = 2Cr^{3+} + 7H_2O$$

在弱酸性和碱性条件下,三价铬可转化为六价铬。在 pH=6.5~8.5 之间,三价铬转化为六价铬的反应式为:

$$2Cr(OH)_2^+ + \frac{3}{2}O_2 + H_2O = 2CrO_4^{2-} + 6H^+$$

5.2.5 砷的转化

砷属于类金属。它是高等动物维持生命所必需的微量元素。与其他微量元素一样,砷有严格的剂量效应关系,低浓度砷有利于机体生长和繁殖,过量则有毒性并致癌。海水中砷的含量通常为 0.006~0.03 mg/kg,淡水中一般为 0.000 2~0.2 mg/kg。

元素砷不溶于水和强酸,所以几乎无毒。砷的有机化合物和无机化合物均有毒,As^{3+} 毒性>As^{2+} 的毒性,俗称砒霜的是三价砷化物,三氧化二砷(As_2O_3)对人的中毒剂量约为 0.001~0.025 mg/kg,致死剂量约为 0.03~

0.20 mg/kg。

微生物生成甲基砷的可能途径如下：

$$HOAsO(OH)_2 \xrightarrow{RCH_3} H_3CAs(OH)_2 \xrightarrow{RCH_3} H_3CAsO(OH)(CH_3) \xrightarrow[-2H_2O]{+4H} H_3C\text{—}AsH(CH_3) \text{ 二甲砷}$$

$$\xrightarrow{RCH_3} (CH_3)_3As \text{ 三甲砷}$$

砷酸盐　　甲砷酸　　二甲次砷酸

微生物参与 As^{3+} 氧化成 As^{5+} 的活动。当土壤施入 As^{3+} 化物后，可见其逐步消失而有 As^{5+} 产生，同时消耗一定量的氧气。

$$2NaAsO_2 + O_2 + 2H_2O \longrightarrow 2NaH_2AsO_4$$

亚砷酸钠　　　　　　　　　砷酸钠

另一些异养型微生物可以使砷酸盐还原为亚砷酸盐。曾报道引起还原的微生物有季也蒙毕赤酵母（*Pichia guilliermondii*）、一株微球菌及一株小球菌。如图 5-32 所示自然界中砷循环图。

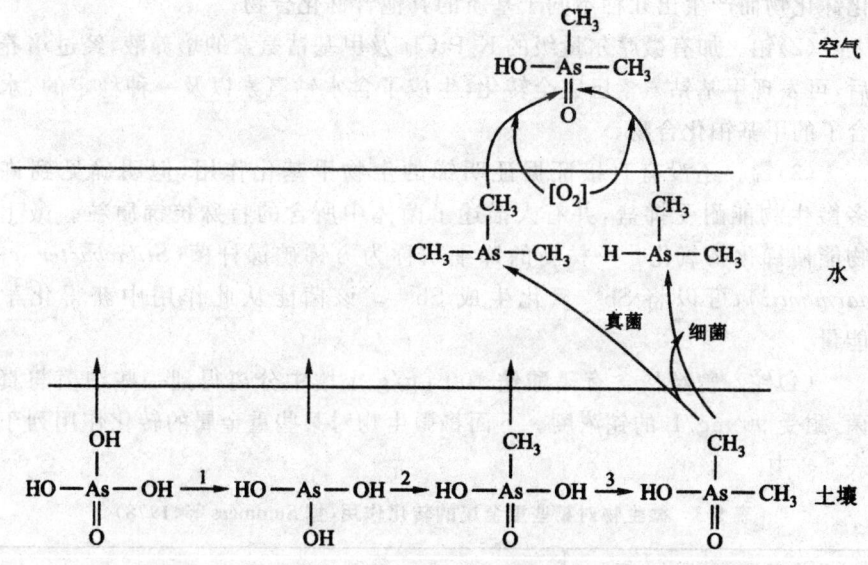

图 5-32　砷循环图（1、2、3 各阶段均为微生物代谢引起的作用）

5.2.6 锡的转化

环境中锡的主要污染源有涂锡的容器、锡焊以及广泛用于制造农药的各种有机锡化物。

与其他金属相似,大部分有机锡化合物均具有毒性,而其毒性的大小随着中心原子锡与其周围功能基及数目而有所差异。就相同之功能基而言,毒性以 R_3Sn^+ 最大,R_2Sn^{2+}、RSn^{3+} 次之。而不同官能基对不同生物均有不同程度的毒害,如三甲基锡主要对昆虫类之毒害较大,三乙基锡对哺乳类,三丁基锡对菌类、软体动物及鱼类等有较大之毒性。若改变有机锡化合物上的阴离子取代基,通常毒性变化较不明显。四氯化锡毒性较小,在通常的工业上是无毒的,至于氯甲烷由于是氯代烷烃,有致癌的可能性。锡与有机基团结合时,毒性明显增强。微生物对 $(CH_3)_2SnCl_2$ 比对 $SnCl_4·5H_2O$ 更为敏感。

微生物可使有机锡化物分解。曾报道,土壤细菌作用于醋酸三苯锡,可使其芳香锡键裂解。

5.2.7 其他重金属

(1)钚。通过加富培养技术,从土壤中分离到抗钚真菌与放线菌,可转化钚化物而产生出几种不同于基质的其他含钚化合物。

(2)铂。加有微摩尔量级的 K_2PtCl_6 及甲基钴氨素的培养液,经过培养后,可发现甲基钴氨素已完全转化,生成了含水钴氨素以及一种稳定的、水合了的甲基铂化合物。

(3)锑。还没有直接证据证明锑的生物甲基化作用,但明确见到许多微生物能耐受锑盐,并有人描述了菌体中所含的特殊抗锑质粒。微生物能使锑化物氧化。一株新的锑细菌称为方锑矿锑杆菌(Stibiobacter senarmontii),可以将 Sb^{3+} 氧化生成 Sb^{5+}。该菌能从此作用中获得化学能量。

(4)铊。曾经从含有硝酸铊 $100~\mu g/g$ 土壤中分离得到一些细菌与真菌,耐受 $90~mg/L$ 的铊浓度。下面将微生物对某些重金属的转化作用列于表 5-3 中。

表 5-3 微生物对某些重金属的转化作用(据 Summers 等,1978)

转化作用类型	金属	微生物
氧化作用	As(Ⅲ)	假单胞菌属,放线菌属,产碱杆菌属
	Sb(Ⅲ)	锑细菌属(Stibiobacter)
	Cu(Ⅰ)	氧化亚铁硫杆菌

续表

转化作用类型	金属	微生物
还原作用	As(Ⅴ)	小球藻
	Hg(Ⅱ)	假单胞菌属、埃希氏菌属、葡萄球菌属、曲霉属
	Se(Ⅳ)	棒状杆菌属、链球菌属
	Te(Ⅳ)	沙门氏菌属、志贺氏菌属、假单胞菌属
甲基化作用	As(Ⅴ)	曲霉属、毛霉属、镰孢霉属、产甲烷拟青霉
	Cd(Ⅱ)	假单胞菌属
	Te(Ⅳ)	假单胞菌属
	Se(Ⅳ)	假单胞菌属、曲霉属、假丝酵母属、头孢霉属、青霉属
	Sn(Ⅱ)	假单胞菌属
	Hg(Ⅱ)	芽孢杆菌属、产甲烷梭菌、曲霉属、脉孢霉属
	Pb(Ⅳ)	假单胞菌属、气单胞菌属

5.3 微生物降解动力学

有机化合物的微生物降解动力学一直以来就是研究者们的热门话题，目前最基本的降解速度模型有两种，即指数速度模型和双曲线速度模型。

5.3.1 指数速度模型

指数速度模型的数学表达式如下：

$$V = \frac{-dc}{dt} = Kc^n$$

式中，V 为降解速度；K 为速度常数，它是单位浓度的反应速度，又称反应比速；n 为反应级数；c 为反应物浓度；t 为反应时间。

式中速度与化合物浓度成正比。该指数速度式适用于均匀溶液的化学反应。该方程中提供了大于 l 的反应级数，故它对于发展经验方程，使经验方程最大限度的吻合所获得的降解资料提供了便利，是一个简单通用的模拟方程。其中当 $n=1$ 时，上式就简化为：

$$V = \frac{-dc}{dt} = Kc$$

此即为一级反应速度方程,表示反应速度与反应物浓度 c 成正比。

5.3.2 双曲线速度模型

"双曲线速度模型"的数学表达式如下:

$$V = \frac{-dc}{dt} = \frac{K_1 c}{K_2 + c}$$

式中,V 为降解速度;K_1 为随浓度增加而渐近的速度最大值;K_2 为假平衡常数,之所以称之为"假"是由于反应中由 K_2 所表示的平衡实际上在被不断地打破。

其中降解速度 V 直接取决于浓度 c,同时取决于 K_1 和 K_2。"双曲线速度模型"适用于表面吸附或表面与催化分子复合而进行的催化反应。如果介质为土壤,由于有机分子的降解是通过胞外酶和胞内酶催化的,则"双曲线速度模型"比理论性的"指数速度模型"就更适用于土壤中农药等污染物的微生物降解。

实际上,"双曲线速度模型"是表示酶动力学的米氏方程的一般形式。米氏方程如下:

$$V = \frac{-dc}{dt} = \frac{V_m E c}{K_m + c}$$

式中,E 为酶浓度;$V_m E$ 为相当于"双曲线速度模型"式的 K_1;K_m 相当于"双曲线速度模型"中的 K_2。

用米氏方程来描述微生物生长情况时可以称为 Monod 方程。其中,当 c 比 K_2 小得多时,c 便可忽略不计,"双曲线速度模型"也就可以简化为"指数速度模型"的一级反应速度方程。但当 c 比 K_2 大得多时,K_2 便可忽略不计,则"双曲线速度模型"可表示为以下表达式:

$$V = \frac{-dc}{dt} = V_m E = K$$

式中,K 为恒定的酶浓度。

此即为零级反应动力学方程。该表达式表示降解速度与反应物浓度无关。之所以称为零级反应,是因为式中 c 实为 $c^0 = 1$。

第6章 微生物在环境污染治理中的应用

人类生产和生活环境中的污染物的种类和数量呈现日趋增长的趋势，这些有害物质的排放量超过环境的自净能力时，就会对生态系统的结构和功能造成破坏。而微生物种类繁多，有千变万化的酶系以及极大的代谢能力，在环境污染治理方面起着举足轻重的作用，因此，利用微生物的这些功能治理环境污染就成为了人们的首要选择。

6.1 微生物在水污染治理中的应用

废水生物处理的实质是以含有污染物的废水为培养基，在人工强化条件下对混合微生物进行连续培养，通过微生物对污染物的代谢作用使其转化为对环境无害的无机物或将其吸收聚集在生物体内，完成废水中污染物的去除。即使是在废水的性质不适合微生物生长时仍可通过适当的调节，向其中补充某些营养物质或调整其 pH、溶解氧、温度、固体悬浮物(SS)等使微生物能适应该废水水质，从而通过微生物的代谢活动完成废水的净化。由于废水生物处理在本质上是微生物的培养，因此，对于相关微生物生理生态特性的研究将加深我们对废水生物处理工艺的理解，通过调控影响微生物生长的因素而优化废水处理工艺的效能。

6.1.1 废水生物处理的类型

污水是人类生活的产物，按其来源和可生物处理性可分如图 6-1 所示的 3 类。

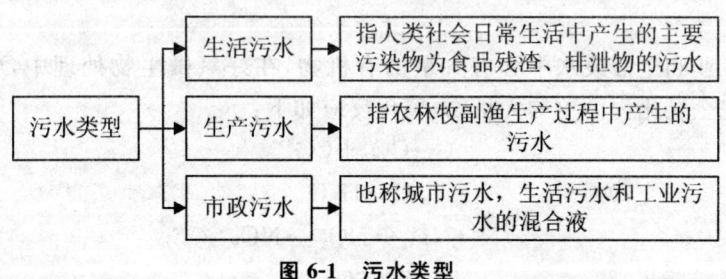

图 6-1 污水类型

根据不同的标准,废水生物处理可以划分为不同的类型,废水生物处理的详细分类如图 6-2 所示。

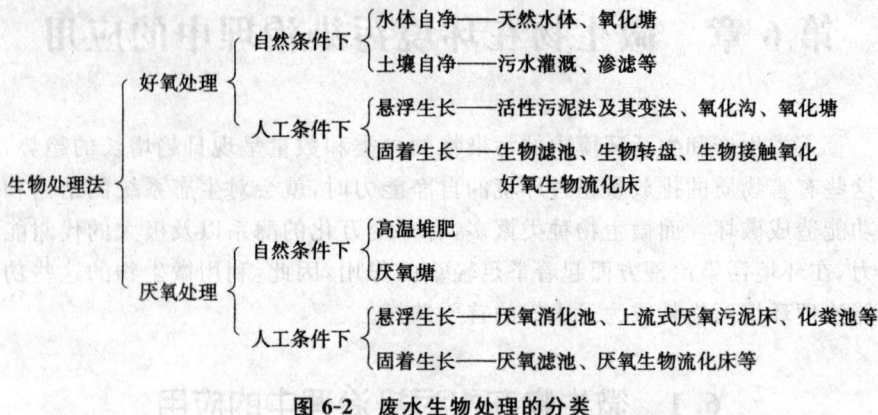

图 6-2　废水生物处理的分类

同一有机污染物在好氧和厌氧条件下的转化是不同的,其不同之处主要表现在对环境的要求、反应速度、产物以及起作用的微生物等方面。好氧微生物处理需要提供充分的氧气,但对环境要求不太严格。而厌氧微生物处理要求绝对无氧环境,且对温度、pH 等环境要求相当严格。好氧生化反应需要的时间短,有机物转化速度快,而厌氧生化反应恰恰相反。在产物方面,好氧微生物处理过后的产物多转化为 H_2O、CO_2、NH_3 和 SO_4^{2-} 等。而厌氧微生物处理后的产物较为复杂,多为 CH_4,且有异味。在整个处理环境中,好氧生物处理都是好氧微生物和兼性微生物群体起作用,而厌氧微生物处理先是厌氧菌和兼性厌氧菌作用,然后是另一种专性厌氧菌作用。

6.1.2　好氧废水生物处理

在好氧条件下,有机污染物作为好氧微生物的营养基质被氧化分解,致使污染物的浓度下降。有机污染物好氧微生物处理一般途径如图 6-3 所示。

工业和生活废水中含有大量的有机物,在好氧微生物处理中,可将有机物完全氧化为简单的无机物,氧化反应如下:

$$C \rightarrow CO_2 + CO_3^{2-}$$

$$H \rightarrow H_2O$$

$$N \rightarrow NH_3 \rightarrow NO_2^- \rightarrow NO_3^-$$

$$S \rightarrow SO_4^{2-}$$

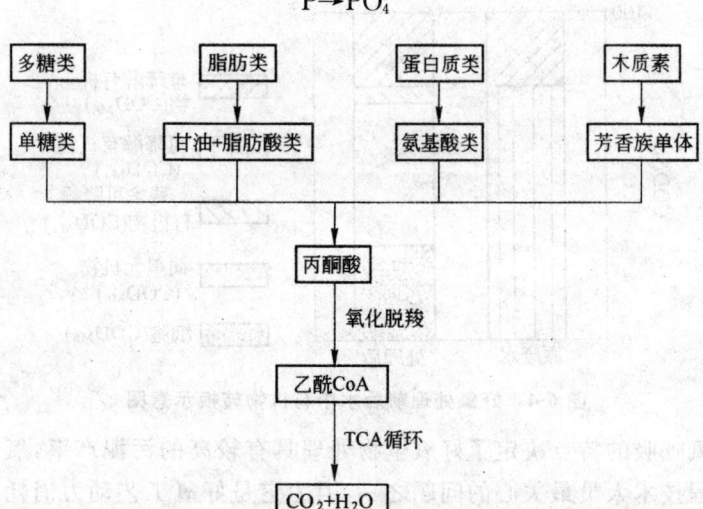

图6-3 好氧反应示意图

已转化为无机物的有机物部分不再表现为COD，它们已成为稳定的对环境无害的物质，这一"消失"的有机物部分如果用COD_{min}表示，则全部废水的COD关系可表示为：

COD_{tot}——总COD，即total COD；

COD_{bd}——可生物降解的COD，即biodegradable COD；

COD_{res}——难降解的COD，即biolofical resistant COD；

COD_{cells}——转化为细胞物质的COD；

COD_{ubd}——实际为降解的可降解COD，即unbiodegradable COD。

$$COD_{tot} = COD_{bd} + COD_{res}$$

$$COD_{bd} = COD_{min} + COD_{cells} + COD_{ubd}$$

在废水的好氧生物处理中，被除去的COD是转变为无机物的COD和转变为细胞的COD之和：

$$COD_{rem} = COD_{min} + COD_{cells}$$

经好氧处理后，COD的去除率为：

$$COD\ 去除率 = \frac{COD_{rem}}{COD_{tot}} \times 100\% = \frac{COD_{tot} - (COD_{res} + COD_{ubd})}{COD_{tot}} \times 100\%$$

式中，$COD_{res} + COD_{ubd}$就是经处理后废水中残留的COD总量。

废水在好氧处理后，经二沉池沉淀除去细胞物质，其流出液测定的COD，实际上就是$COD_{res} + COD_{ubd}$之和，为了更直观，其物质转化关系可表示为图6-4所示。

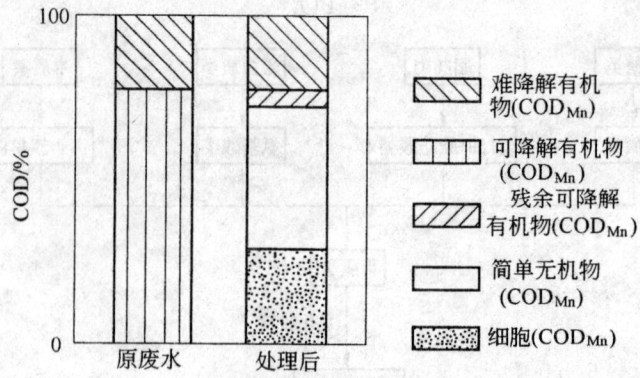

图 6-4 好氧处理前后水中有机物转换示意图

好氧呼吸的特点决定了好氧生物处理具有较高的污泥产率,氧气消耗量是工程技术人员最关心的问题之一,因为它是好氧工艺动力消耗的主要部分。由前面可知,底物一部分被彻底氧化为无机物,另一部分在被氧化的同时,由获得的物质和能量合成细胞物质,这 2 部分所需要的氧量是不同的,理论上可计算如下。

有机物的完全氧化:
$$C_xH_yO_z+(x+y/4-z/2)O_2 \rightarrow xCO_2+y/2H_2O+能量 \quad (6-1)$$

细胞物质的合成:
$$nC_xH_yO_z+nNH_3+n(x+y/4-z/2-5)O_2 \rightarrow$$
$$(C_5H_7NO_2)_n+n(x+5)CO_2+n(y-4)/2H_2O+能量 \quad (6-2)$$

其中$(C_5H_7NO_2)_n$是根据细胞化学物质组成分析所得的细菌细胞物质成分的经验式得出的,一些含量较少的元素未计入。

除了以上两部分的氧消耗外,细胞的内源呼吸也会消耗氧气。当外界有机物极少时,细胞呈现"饥饿"状态,它们通过内源呼吸维持生命,直至死亡和裂解。在这一过程中,内源呼吸为主要的呼吸方式,该过程可表示为式(6-1)。

细胞物质的氧化:
$$C_5H_7NO_2+5O_2 \rightarrow 5CO_2+2H_2O+NH_3+能量 \quad (6-3)$$

综合上述三方面可得到理论上的耗氧量,其中式(6-1)、式(6-2)两式表达的耗氧量与除去有机物的量有关。在实际计算中,常用以下公式求得有机物生物氧化所需的全部氧量:
$$q(O_2)=a'q(BOD)+b'm$$

式中,$q(O_2)$为需要的氧量,kg/d;$q(BOD)$为去除的 BOD 量,kg/d;m为反应器内原有的微生物量,kg;a'为去除单位 BOD 所需的氧量,kg/kg;b'为内源呼吸的自身氧化率，kg/(kg·d)或1/d。其中，a'、b'可通过实验求得，它们随废水种类及具体工艺条件而变化。

6.1.2.1 活性污泥法

活性污泥法是指利用悬浮生长的活性污泥微生物处理有机污水的一类好氧生物处理方法。它是一种废水处理的主流方法，不仅用于处理生活污水，而且在纺织印染、炼油、石油化工、造纸焦化等许多工业废水处理中，都取得了较好的净化效果。

(1) 活性污泥中的微生物。活性污泥通常由75%～85%的有机成分和15%～25%的无机成分组成，其中的微生物由以各种细菌、真菌类、原生动物和以轮虫为主的后生动物组成的混合培养体。活性污泥中的微生物集合体如图6-5所示，主要由腐生微生物、捕食者以及有害微生物组成。

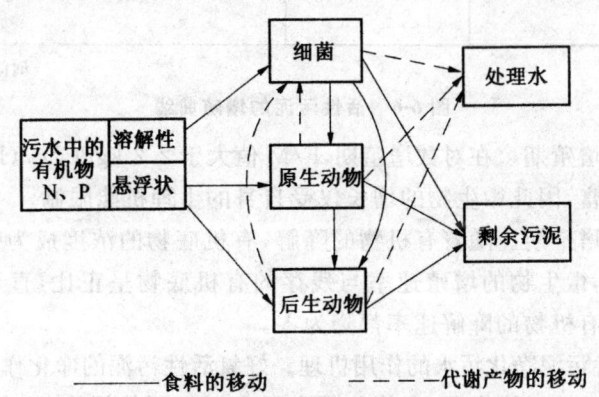

———食料的移动　　————代谢产物的移动

图6-5　活性污泥微生物集合体的食物链

腐生微生物是降解有机物的生物，以细菌为主，可降解原始基质和代谢产物。活性污泥的群落中主要的捕食者是以细菌为食的原生动物和后生动物，在数量上仅次于细菌，以细菌为捕食对象，还可吞噬水中的有机颗粒，分泌多糖类物质，对污水有直接净化的作用。

活性污泥中微生物的增殖是活性污泥在曝气池内发生反应、有机物被降解的必然结果。微生物的增殖即活性污泥的增长结果，一般可用活性污泥的增殖曲线来表征，如图6-6所示。

由图6-6可见，活性污泥的增长主要可以分为3个阶段，即对数增殖期、减速增殖期和内源呼吸期。此外，在这3个阶段之前，还有一段时间的适应期。

①适应期。适应期是活性污泥微生物对新的环境的一个短暂的适应过程。在适应期，菌体体积有所增大，酶系统做出相应调整产生适应新环

境的变异。但微生物在数量上可能并没有增殖,各项污染指标也可能无较大变化。

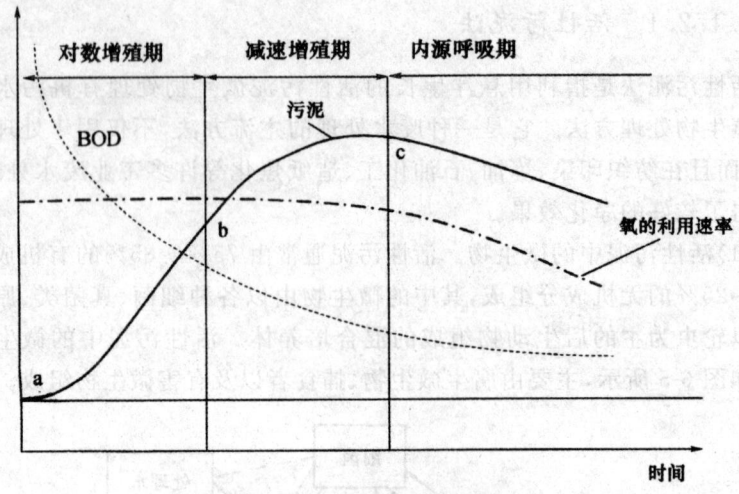

图 6-6　活性污泥的增殖曲线

②对数增殖期。在对数增殖期,F/M 值大于 $2.2\ kgBOD_5/(kgVSS\cdot d)$,有机底物丰富,因此微生物的增长仅受自身的生理机能限制。

③减速增殖期。随着有机物的降解,有机底物的浓度成为微生物增殖的控制因素,微生物的增殖速率与残存的有机底物呈正比,直至微生物的增长速率和有机物的降解速率都降为零。

(2)活性污泥净化污水的作用机理。好氧活性污泥的净化作用类似于水处理工程中混凝剂的作用,它能絮凝有机和无机固体污染物,有"生物絮凝剂"之称。它能同时吸收和分解水中溶解性污染物。比化学混凝剂优越。

好氧活性污泥的净化作用机理,见图 6-7。好氧活性污泥吸附和生物降解有机物的过程,见图 6-8。

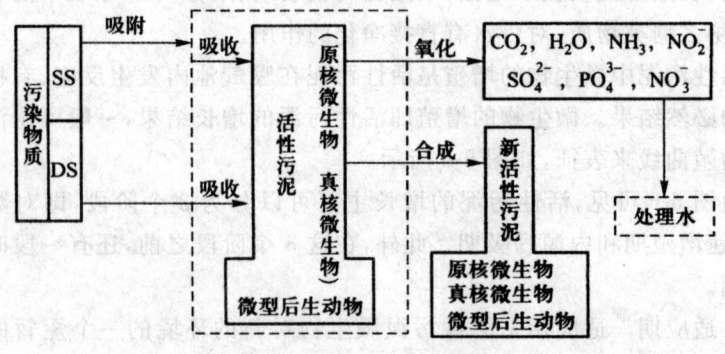

图 6-7　好氧活性污泥的净化作用机理示意图

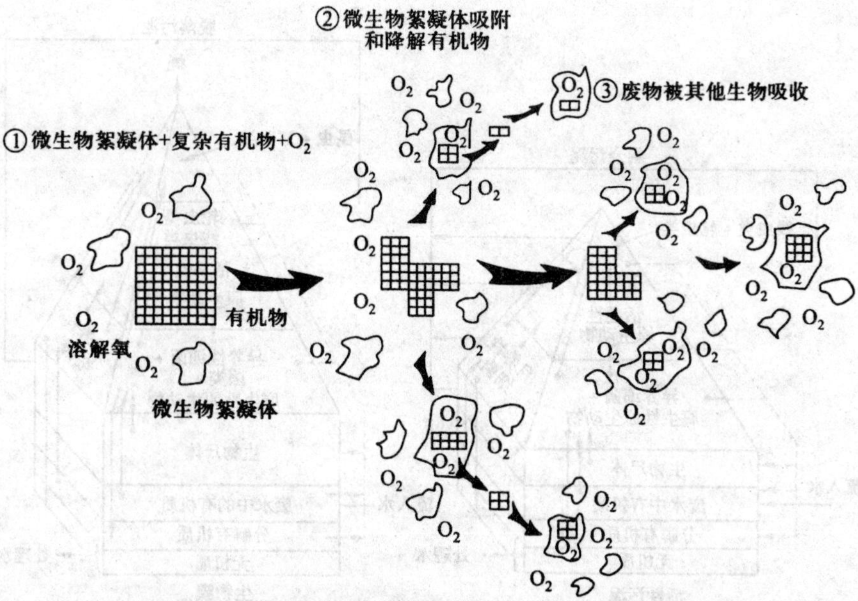

②微生物絮凝体吸附和降解有机物
③废物被其他生物吸收
①微生物絮凝体+复杂有机物+O_2
有机物
溶解氧
微生物絮凝体

图 6-8 好氧活性污泥吸附和生物降解有机物的过程

由图 6-7 和图 6-8 可知,活性污泥绒粒中微生物之间的关系是食物链的关系。

6.1.2.2 生物膜法

利用生物膜法净化废水的方法称为生物膜法。根据是否提供氧气,生物膜法又分为好氧生物膜法和厌氧生物膜法。

在生物膜中起到净化作用的生物与活性污泥中相似,主要是细菌和微型动物。但是在生物膜法中,反应器可见到光的部分有藻类生长,其中还有蚊、蝇类昆虫幼虫。因此,生物膜中的生物群落要比活性污泥法中的微生物群落更为复杂,两者的食物链比较如图 6-9 所示。

生物膜法根据载体与污水的不同接触方式,以及构筑物的不同形式,可以分为普通生物滤池法、塔式生物滤池法、生物转盘法和生物接触氧化法。其去除有机污染物的过程如图 6-10 所示。

①普通生物滤池。普通生物滤池平面一般呈圆形、方形或矩形。由滤料、池壁、排水及布水系统组成。污水通过布水器均匀分布在滤料表面,沿覆盖在滤料表面的生长膜流下,依靠生物膜吸附—氧化废水中有机物。经处理过的出水直接外排或进入沉淀池处理。氧气由通过滤料间隙的气流供给。其特点是运行简单,对入流水量水质承受能力较强。工艺流程图见图 6-11。

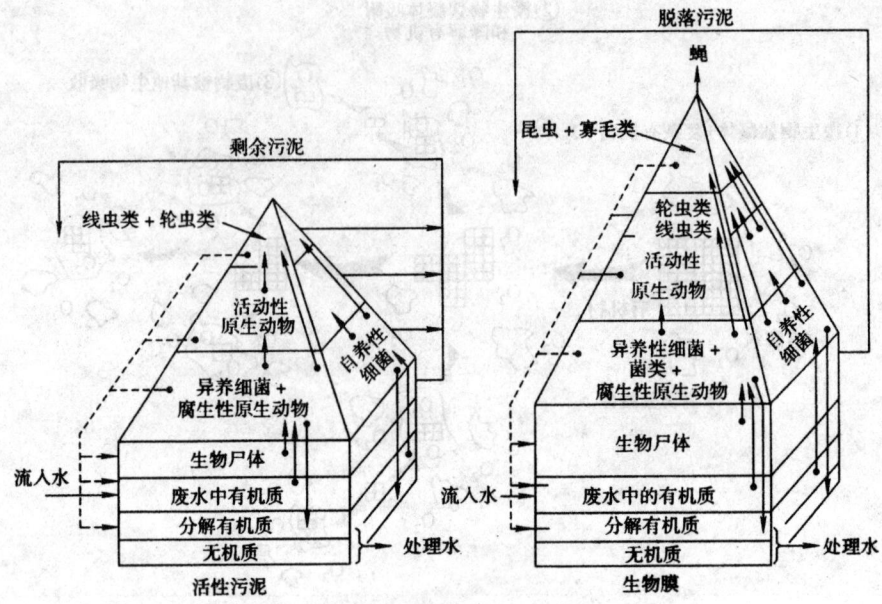

图 6-9　活性污泥与生物膜的食物链比较

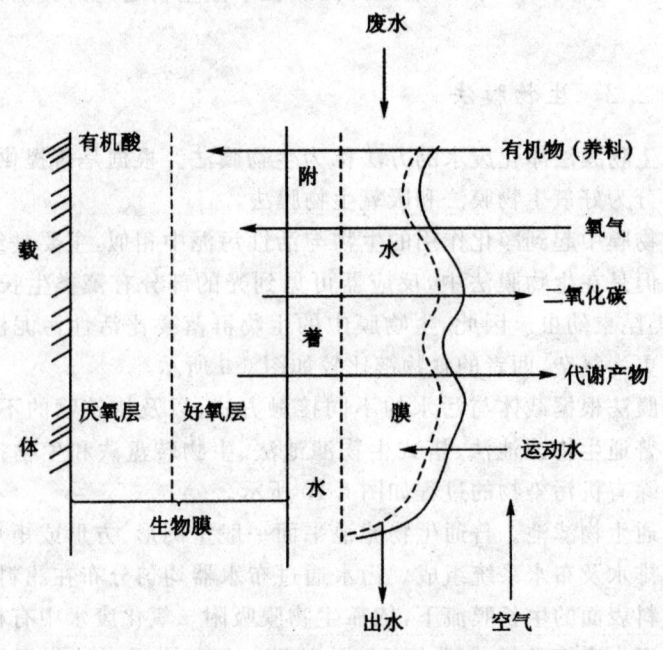

图 6-10　生物膜去除有机物过程示意图

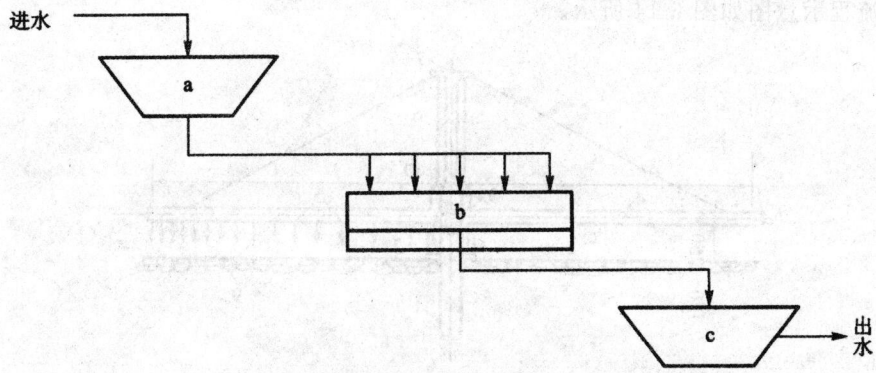

图 6-11 普通生物滤池工艺流程图
a—水池；b—滤池；c—二次沉淀池

其中，滤料作为生物膜的载体，滤料表面积越大，生物膜数量越多。生物滤池的池壁只起围挡滤料的作用，一些滤池的池壁上带有许多孔洞，用以促进滤层的内部通风。排水及通风系统用以排除处理水，支承滤料及保证通风。常见的渗水装置如图 6-12 所示。布水装置设在填料层的上方，用以均匀喷洒污水。目前广泛采用的连续式水装置是旋转布水器，如图 6-13 所示。

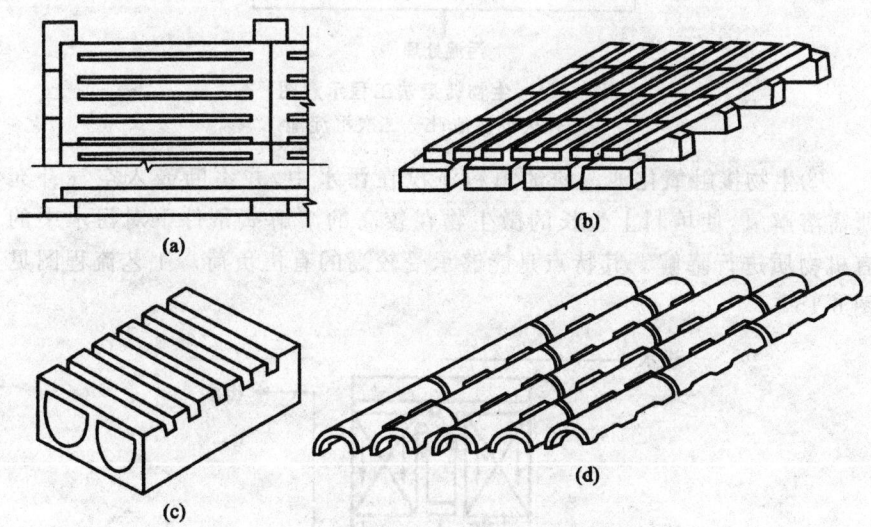

图 6-12 生物滤池的渗水装置

②生物转盘。生物转盘由固定于水平转轴上的若干圆形盘片及污水槽组成。转盘浸入污水时，盘面的生物膜吸附污水中的有机物，盘面露出污水后吸收空气中的氧，不断循环交替，使污水中有机物得到净化。工艺

流程示意图如图 6-14 所示。

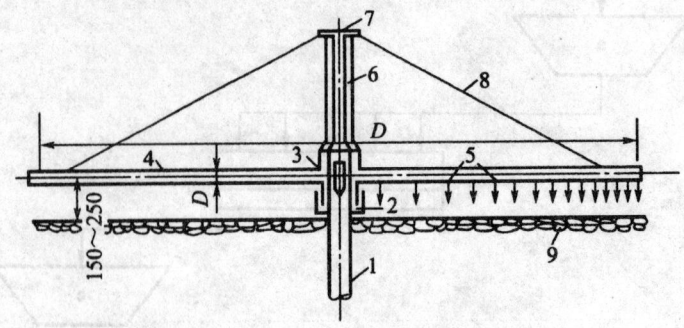

图 6-13 旋转布水器

1—进水竖管；2—水银封；3—配水短管；4—布水横管；5—布水小孔；
6—中央旋转柱；7—上部轴承；8—钢丝绳；9—滤料

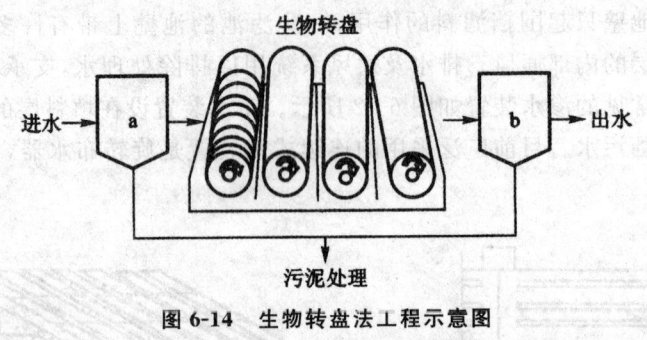

图 6-14 生物转盘法工程示意图
a——一次沉淀池；b—二次沉淀池

③生物接触氧化池。滤池填料淹没在污水中，并不断鼓入空气补充所需溶解氧，使填料上生长的微生物在较高的溶解氧条件下对污水中的有机物质进行降解。其特点是能够承受较高的有机负荷。工艺流程图见图 6-15。

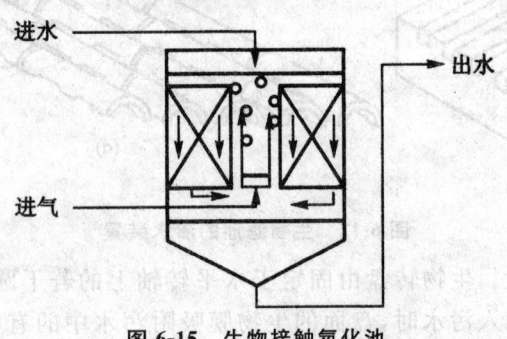

图 6-15 生物接触氧化池

6.1.2.3 氧化塘法

氧化塘法(oxidation pond process),现称稳定塘法(stabilization pond process),是一种和天然水体自净过程相似的废水生物处理法。氧化塘的研究和应用始于20世纪初,20世纪50年代以后发展迅速。氧化塘是一种既简易又经济的废水生物处理法,不需要机械设备,基建投资少,运行管理方便,处理费用低廉,且能实现污水的综合利用。但其净化时间较长,处理效率低,占地面积大,设计运行不当,可能造成二次污染,因此,不适宜在城市建设,适用于山区和小城镇。

现以兼性塘为例说明氧化塘的污水净化过程,如图6-16所示。污水进入池塘后,一些可沉淀的固体和可凝聚的胶体物质沉淀到池塘底部,形成污泥层,在这里有机物进行厌氧分解。剩余的可溶性或悬浮有机物在表层被好氧或兼性厌氧菌氧化分解,释放出氮、磷和CO_2。而存在于表层的藻类又利用这些无机物,以阳光为能源,进行光合作用,释放出氧气。溶解氧又为好氧菌所利用,这样构成藻菌共生体系。

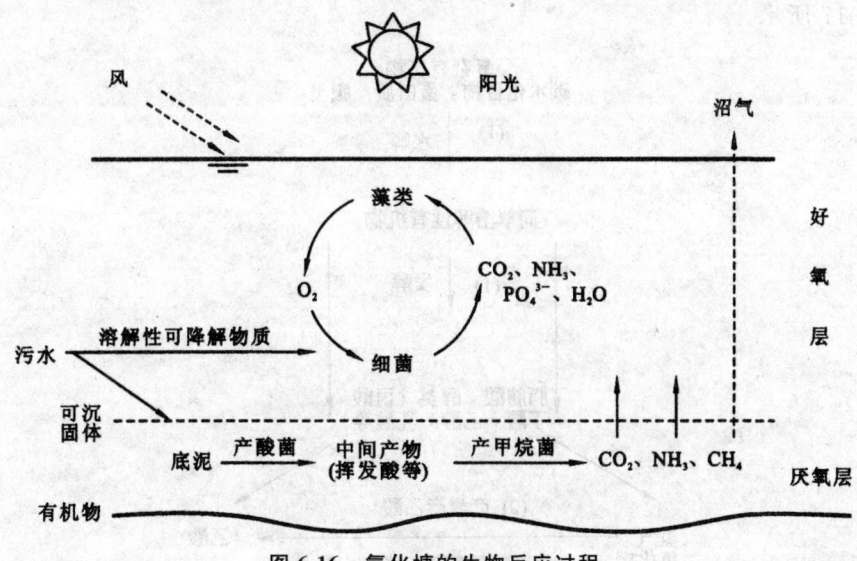

图6-16 氧化塘的生物反应过程

在塘下层和污泥层进行厌氧过程,形成CH_4、CO_2、NH_3和H_2S,还有许多可溶性降解产物。NH_3和H_2S在好氧层可被氧化,因此没有臭味散发出来。有机酸等可溶性降解物继续在好氧层氧化成CO_2。总的来说,氧化塘内主要对有机污染物起作用的是细菌,除细菌之外,藻类也起着十分重要的作用,其他水生动物和水生植物则起着辅助性作用,塘内形成的藻—菌—原生动物的共生系统,使污水得到净化。

6.1.3 厌氧废水生物处理

含有有机污染物的废水在无溶解氧条件下的微生物处理称为厌氧生物处理。

6.1.3.1 厌氧生物处理方法

厌氧条件下微生物通过无氧呼吸和发酵作用使有机物降解。高分子质量有机物的厌氧降解可以分为四个阶段。首先是水解阶段,高分子有机物被微生物释放的胞外酶分解为小分子,以便能透过细胞膜,为微生物进一步利用。待到被分解为小分子的有机物被发酵细菌在细胞内转化为更为简单的化合物并分泌到细胞外。这一阶段产生脂肪酸和醇类。产生的脂肪酸和醇类会被进一步转化为乙酸以及二氧化碳、氢气,并合成新的细胞物质。乙酸、氢气、二氧化碳等会转化为甲烷,整个厌氧降解过程如图6-17 所示。

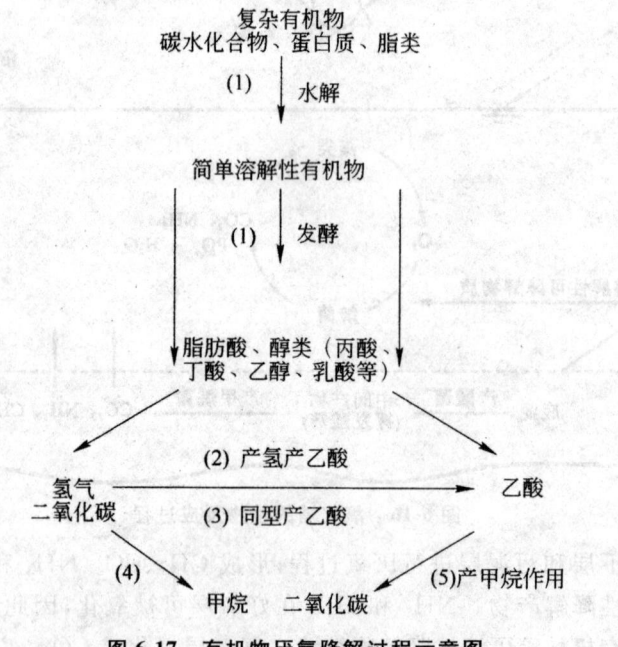

图6-17 有机物厌氧降解过程示意图

水解的实质就是复杂的非溶解性的聚合物转化为简单的溶解性单体或二聚体的过程。水解的过程通常是比较缓慢的,因此被认为是含有高分子有机物或悬浮物的废液厌氧水解的限速阶段。影响到水解的速度与水解程度的因素主要有 pH 值、有机质颗粒的大小、水解温度、水解产物的浓度、有机质的化学组成、有机质在反应器内的停留时间等。

产生甲烷需要产甲烷菌的参与,产甲烷菌能利用 CO_2 或碳酸盐与氢气产生甲烷,是最主要的利用氢的细菌,能够产生的甲烷占全部甲烷比例的 30% 左右。其他的甲烷由乙酸产生。产甲烷菌只能以乙酸、甲酸、甲胺、甲醇、二氧化碳为碳源,因此,产甲烷菌与产乙酸菌是高度互生的。

最重要的产甲烷过程有:

$$CH_3COO^- + H_2O \longrightarrow CH_4 + HCO_3^-$$
$$HCO_3^- + 4H_2 + H^+ \longrightarrow CH_4 + 3H_2O$$
$$4CH_3OH \longrightarrow 3CH_4 + CO_2 + 2H_2O$$
$$4HCOO^- + 2H^+ \longrightarrow CH_4 + CO_2 + 2HCO_3^-$$

对于经济欠发达而又遭受严重环境问题的国家和地区,厌氧处理产生的沼气能作为能源以及其污泥可用作肥料等优点是治理环境污染的不二选择。如图 6-18 所示为厌氧处理作为核心技术的能源生产和环境保护体系的示意图。

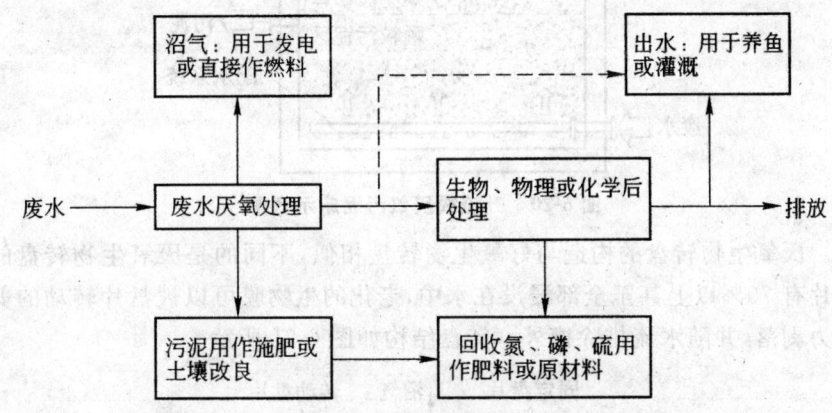

图 6-18 以厌氧处理为基础的环保、能源生产和综合利用体系

常用的厌氧生物处理方法有厌氧接触法、升流式厌氧污泥床反应器、厌氧生物转盘和厌氧挡板反应器等。

厌氧接触法的工艺流程如图 6-19 所示。废水进入消化池与池内混合液混合,促使污泥回流,使消化池内维持较高的污泥浓度,延长了污泥在池内的停留时间,加快了有机物的分解速率,缩短了水力停留时间,改善了污泥的沉降性能。

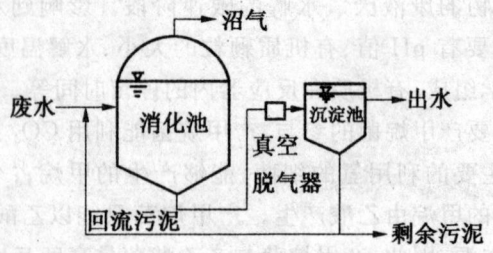

图 6-19 厌氧接触法工艺流程

升流式厌氧污泥床反应器是一种将生物反应和沉淀于一体的反应器，其结构紧凑，如图 6-20 所示。该装置中的三相分离器可以将气体、液体和固体等三相物质进行分离。

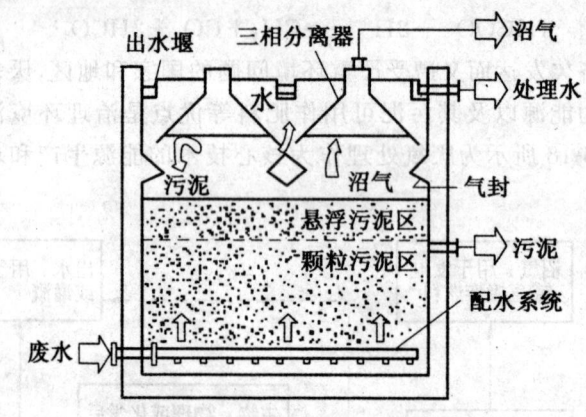

图 6-20 升流式厌氧污泥床示意图

厌氧生物转盘的构造与好氧生物转盘相似，不同的是厌氧生物转盘的盘片有 70% 以上甚至全部浸没在水中，老化的生物膜可以被盘片转动的剪切力剥落，并随水流排除槽外。转盘结构如图 6-21 所示。

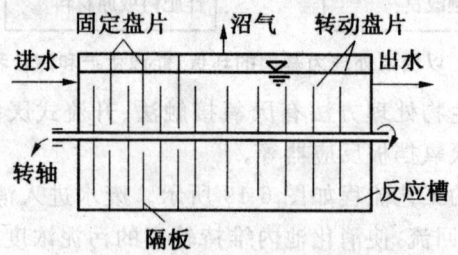

图 6-21 厌氧生物转盘构造图

厌氧挡板反应器是从厌氧生物转盘发展而来的，生物转盘不转动，即为厌氧挡板反应器。挡板可以把反应器分为若干上向流和下向流室，与下流室相比,上流室更加便于污泥的聚集。厌氧挡板反应器工艺流程图如图 6-22 所示。

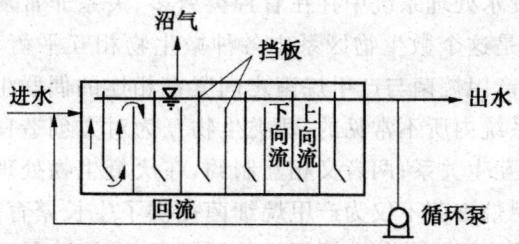

图 6-22 厌氧挡板反应器工艺流程图

除了上述几种厌氧生物处理方法以外,还有厌氧生物滤池、厌氧流化床、两相厌氧法和复合厌氧法等方法。表 6-1 列出了几种厌氧消化处理的特点。

表 6-1 几种常用厌氧处理方法的特点

类别	常规消化池	厌氧滤池	厌氧接触消化池	USAB
COD 去除为 90%的有机负荷/kgCOD·$(m^3·d)^{-1}$	<3.0	3.0~55.0	5.0~10.0	8.0~15.0
进水允许 SS 含量/g·L^{-1}	>50	>50	<0.2	<4
进水 COD/mg·L^{-1}	>5000	>3000	>300	>1000
COD 去除率/%	60	>90	>90	>90
HRT/d	>8	0.2~8	0.2~4	0.15~8
污泥停留时间/d	>8	15~80	20~300	30~300
动力消耗	较大	较大	较小	较小
生产控制	较易	较易	较易	较难
投资	较大	较大	较大	较小
占地	较大	较大	较小	较小
堵塞	无	无	可能	无
低温	效率低	效率低	效率较高	效率较高
反应器内流态	完全混合	完全混合	接近推流	完全混合与推流之间

6.1.3.2 废水厌氧生物处理微生物生态学

厌氧消化废水处理系统中存在着种类繁多、关系非常复杂的微生物区系,甲烷的产生是这个微生物区系中各种微生物相互平衡、协同作用的结果,关键在于非产甲烷菌与产甲烷菌之间紧密相连的偶联生化反应。这是好氧生物处理系统内所不常见的,两类生物互为对方创造良好的环境和条件,构成紧密的互生关系;两者又相互制约,在厌氧生物处理系统内处于平衡状态。非产甲烷细菌不仅为产甲烷细菌提供了生长繁育的底物,而且通过其兼性代谢为产甲烷菌创造了严格的厌氧条件,清除了可能对产甲烷细菌有害的酚、腈、苯甲酸及重金属离子等。产甲烷菌则可通过对氢、乙酸、二氧化碳等的代谢作用解除发酵产物对非产甲烷细菌的抑制作用。

6.1.4 废水生物脱氮除磷处理

高浓度的氨氮废水由于其中存在较高浓度的游离氨而对水生生物有较强的毒副作用,且可能造成金属腐蚀;而亚硝氮和硝氮对于人体健康同样有不利影响,尤其是亚硝氮能够与血液中血红素反应,降低血液的输氧能力。因此,废水脱氮处理是十分必要的。

6.1.4.1 废水生物脱氮处理

通过对微生物氮代谢机制的研究,研究人员开发了多种废水生物脱氮技术。

其基本原理是,利用微生物的氨化作用将废水中的有机氮转化为氨氮,随即通过一些微生物在好氧条件下的硝化作用将氨氮转化为硝氮或亚硝氮,再通过某些微生物在缺氧条件下的反硝化作用将之转化为氮气从水中逸出,从而达到脱氮的目的。

自 1975 年南非的 Barnard 开发了 Bardenpho 脱氮工艺以来,研究人员相继开发了多种脱氮除磷工艺,如 Phoredox 工艺、UCT 工艺、改良 UCT 工艺、A/O 工艺、A_2/O 工艺等,取得了良好的脱氮除磷效果。以 A/O 工艺为例进行说明。A/O 工艺为缺氧-好氧工艺,又称前置反硝化生物脱氮工艺,是目前采用比较广泛的工艺。当 A/O 脱氮系统中缺氧和好氧在两座不同的反应器内进行时为分建式 A/O 脱氮系统(图 6-23)。当 A/O 脱氮系统中缺氧和好氧在同一构筑物内,用隔板隔开两池时为合建式 A/O 脱氮系统(图 6-24)。A/O 工艺的特点有:①流程简单,构筑物少,运行费用低,占地少;②好氧池在缺氧池之后,可进一步去除残余有机物,确保出水水质达标;③硝化液回流,为缺氧池带去一定量的易生物降解有机物,保证了脱氮的生化条件;④无须加入甲醇和平衡碱度。

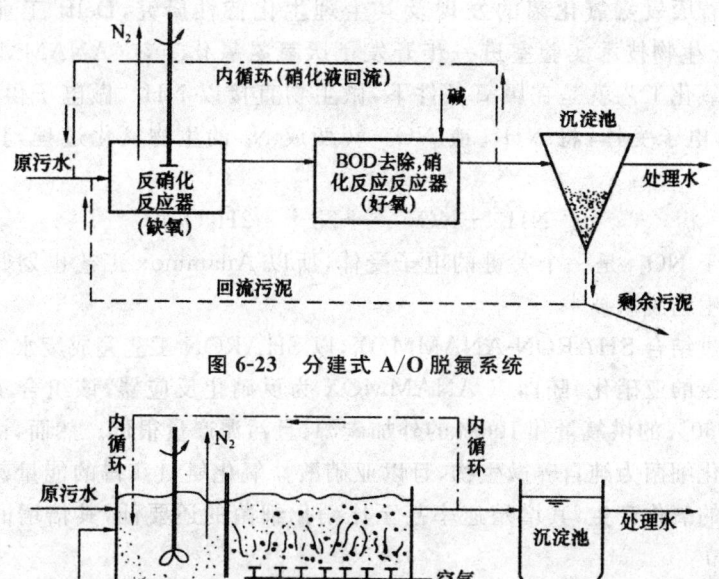

图 6-23 分建式 A/O 脱氮系统

图 6-24 合建式 A/O 脱氮系统

随着研究的深入,人们发现在一些工艺的好氧段内出现了氨氮与硝氮同时降低的现象,即同步硝化反硝化(simultaneous nitrification and denitrification,SND)。一般认为这可能是由于反应系统内溶解氧分布不均,或微环境下的微生物种群结构、基质分布传递及代谢的不均匀性造成的。通过人为控制反应条件,可以强化这一同步硝化反硝化的过程,由此可降低完全脱氮所需的曝气量,并提高工艺的处理效能,减少有机物及碱度的消耗。

既然氨氮完全氧化为硝酸盐氮需要更长的曝气时间,消耗更多的能量,而在反硝化时又需要补充更多有机物,则是否可以通过控制硝化反应在亚硝化阶段,实现短程硝化反硝化脱氮?这一设想虽然早在 1975 年即由 Voet 等人提出,但直到 1998 年荷兰 Delft 工业大学开发出 SHARON 才真正实现了亚硝化积累,从而使短程硝化反硝化真正走向工业化应用。该工艺是在详细对比研究亚硝化细菌与硝化细菌生理生化特征基础上提出的,通过提高操作温度(30~40℃)富集快生型亚硝化细菌,并以较高的氨氮浓度和 pH 抑制硝化细菌的硝化活性,达到阻止亚硝酸盐进一步氧化的目的。该工艺的实施可使短程硝化反硝化反应在同一个反应器内实施,工艺流程短,无须补充碱度,可节省25%的曝气能耗和40%的反硝化碳耗。

随着厌氧氨氧化菌的发现及其生理生化特性研究,Delft 工业大学 Kluyver 生物技术实验室进一步开发了厌氧氨氧化工艺(ANAMMOX)。厌氧氨氧化工艺就是在厌氧条件下,微生物直接以 NH_4^+ 做电子供体,以 NO_2^- 为电子受体,将 NH_4^+ 或 NO_2^- 转变成 N_2 的生物氧化过程,其反应式为

$$NH_4^+ + NO_2^- \longrightarrow N_2\uparrow + 2H_2O$$

由于 NO_2^- 是一个关键的电子受体,所以 Anammox 工艺也划归为亚硝酸型生物脱氮技术。

通过结合 SHARON-ANAMMOX,以 SHARON 工艺完成废水中半数以上氨氮的亚硝化,随即以 ANAMMOX 为反硝化反应器,该组合工艺可以节省60%的供氧量和100%的外加碳源,且污泥产量很低。然而,由于厌氧氨氧化细菌为纯自养微生物,且以亚硝酸盐氧化氨氮获得的能量甚至低于氨氮的氧化产生,其增殖速率甚至比硝化细菌的还要低,其倍增时间长达11 d。

Sharon-Anammox(亚硝化-厌氧氨氧化)工艺被用于处理厌氧硝化污泥分离液并首次应用于荷兰鹿特丹的 Dokhaven 污水处理厂,其工艺流程如图6-25所示。厌氧氨氧化反应通常对外界条件(pH值、温度、溶解氧等)的要求比较苛刻,但这种反应节省了传统生物反硝化的碳源和氨氮氧化对氧气的消耗,因此对其研究和工艺的开发具有可持续发展的意义。

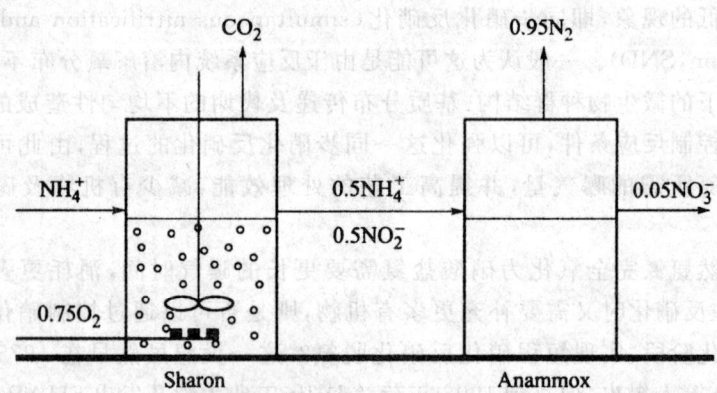

图6-25 Sharon-Anammox 联合工艺示意(厌氧氨氧化 A^2/O 试验流程)

Sharon-Anammox组合工艺,与传统的硝化/反硝化相比,更具明显的优势:减少需氧量50%～60%;无须另加碳源;污泥产量很低;高氮转化率[6 kg/($m^3 \cdot d$)](Anammox工艺的氨氮去除率达98.2%)。

6.1.4.2 废水生物除磷处理

对于富营养化敏感的湖泊河流,废水排放之前除进行常规的二级生物处理外,必须进行污水三级处理以完成脱氮除磷。磷是促进藻类和蓝细菌进行光合作用增殖所必需的常量元素,是导致湖泊富营养化污染的主要因素。相比于氮元素而言,磷对于藻类及蓝细菌增殖有更强的限制性意义,这是因为藻类和蓝细菌在增殖过程中还可以利用空气中的氮,且藻类对磷的需求仅为氮需求的 1/20～1/10。只要有这个水平的磷存在,藻类即有增殖的能力,控制污染源及受纳水体中的磷是防止水体富营养化污染的首要任务。

(1) 生物除磷原理。废水中磷的存在形态取决于废水的类型,最常见的是磷酸盐($H_2PO_4^-$、HPO_4^{2-}、PO_4^{3-})、聚磷酸盐和有机磷。常规二级生物处理的出水中,90%左右的磷以磷酸盐的形式存在。

生物除磷主要由一类统称为聚磷菌的微生物完成,其基本原理包括厌氧放磷和好氧吸磷过程,如图 6-26、图 6-27 所示。

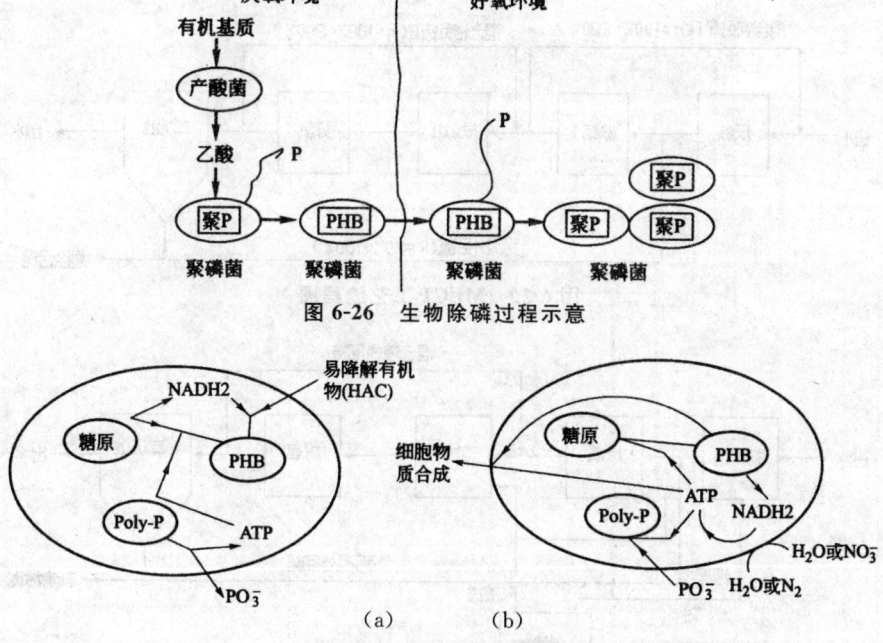

图 6-26 生物除磷过程示意

图 6-27 生物除磷原理
(a) PAO 厌氧释磷;(b) PAO 好氧吸磷

聚磷菌摄取磷:
$$C_2H_4O_2 + NH_4^+ + O_2 + PO_4^{3-} \longrightarrow C_5H_7NO_2 + CO_2 + (HPO_3)$$
$$(聚磷) + OH^- + H_2O$$

聚磷菌释放磷：

$$C_2H_4O_2 + (HPO_3)(聚磷) + H_2O \longrightarrow (C_2H_4O_2)_2$$
$$(贮存的有机物) + PO_4^{3-} + 3H^+$$

(2) A^2/O 除磷工艺。对于 A^2/O 同步脱氮除磷工艺，很难同时取得较好的脱氮除磷效果。为此人们在其基础上进行了改良，以提高出水水质。A^2/O 同步脱氮除磷的改良工艺包括 UCT 工艺、MUCT 工艺和 OWASA 工艺等，它们的工艺流程如图 6-28~6-30 所示。

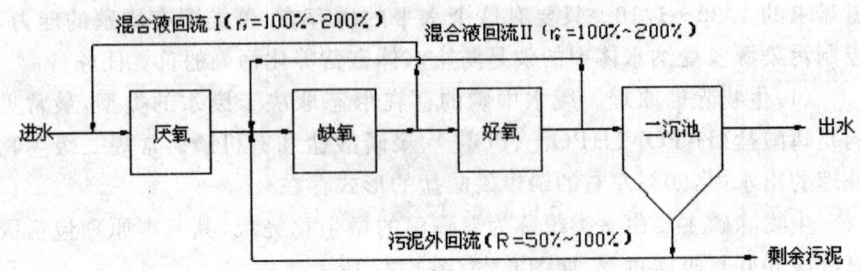

图 6-28　UCT 工艺流程图

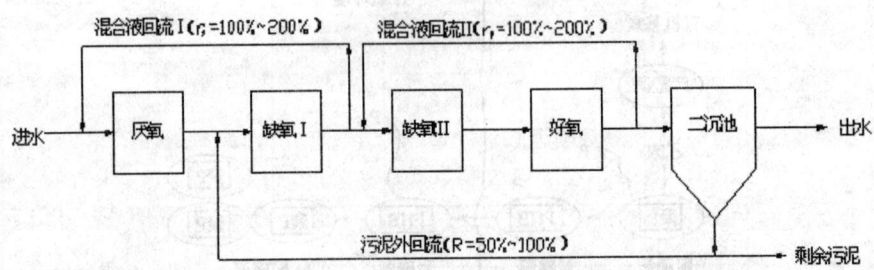

图 6-29　MUCT 工艺流程图

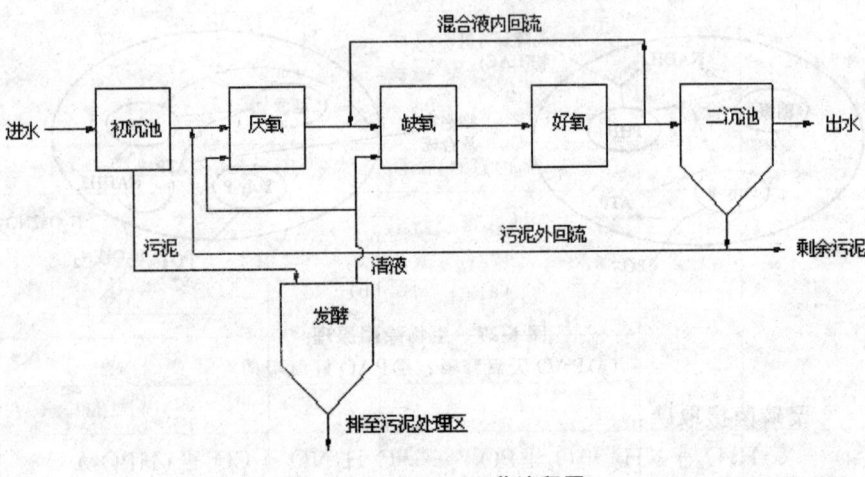

图 6-30　OWASA 工艺流程图

6.1.5 微生物在给水处理中的应用

我国是水资源严重短缺的国家之一,90%以上的城市水域受到不同程度的污染,约50%的重点城镇的集中饮用水不符合标准,为了避免不健康水引起人类的某些严重疾病,人们开始对饮用水加以处理。对饮用水水质保证的主要加强措施是强化现行的常规给水处理工艺以及供水安全输配和发展除污染的新技术。对饮用水进行常规处理的工艺流程如图6-31所示。

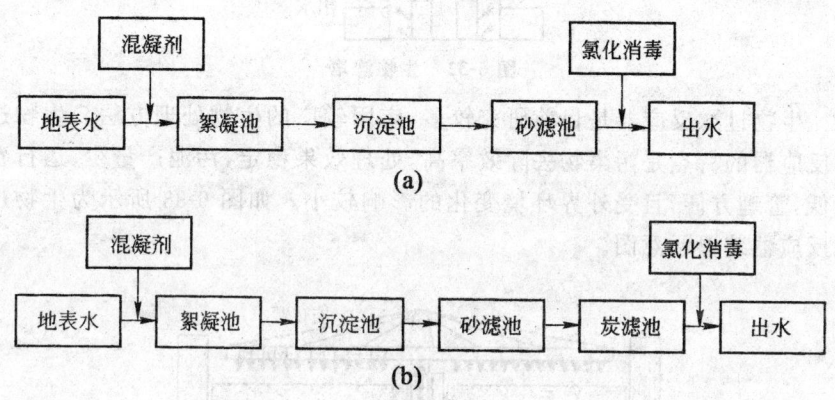

图6-31 饮用水常规处理工艺

然而,随着人们生活水平的日益提高,人们对饮用水的水质有了更加严格的要求。利用微生物对饮用水进行处理可以分为两大类,即对饮用水水源水的生物预处理和给水深度处理中的生物处理环节。

生物预处理是指在常规处理工艺之前增设生物处理工艺段,其主要特点是能除去铁、锰、氨氮等污染物,较好地去除低浓度有机物,有效地去除原水中可生物降解有机物,且经济、有效。在生物过滤技术的研究与营养过程中,人们发现高度达到8 m左右时,可克服普通生物滤池料空隙小所造成的通风不良的困难,因此,造出了池身很高的滤池,如图6-32所示,池身高度一般都大于8 m。这种过滤池的主要优点是占地面积小,负荷高、对水量、水质突然变化的适应性强、水处理量大等。但是也因其动力消耗太大,运行管理不方便而带来诸多不便。

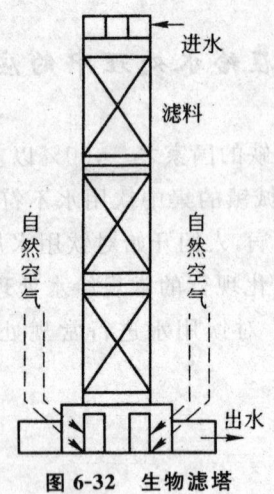

图 6-32　生物滤塔

生物过滤反应器是目前研究较多、应用较广的生物处理方法。生物过滤反应器的特点是污染物去除效率高,处理效果稳定,污泥产量少,运行费用低,管理方便,且受外界环境变化的影响较小。如图 6-33 所示为生物过滤反应器装置示意图。

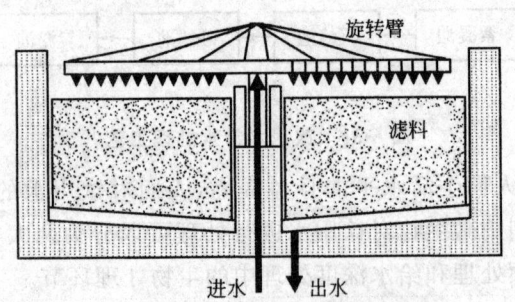

图 6-33　生物过滤反应器

虽然饮用水经过预处理和深度处理,但还会含有一些微生物甚至病原微生物。为了使饮用水完全达到卫生安全,还须对处理水进行消毒,以杀死病原微生物。

6.2　微生物在固体废物处理中的应用

固体废物是指在生产、生活和其他活动过程中产生的丧失原有的利用价值或者虽未丧失利用价值但被抛弃或者放弃的固体、半固体和置于容器中的气态物品、物质以及法律、行政法规规定纳入废物管理的物品、物质,不能排入水体的液态废物和不能排入大气的置于容器中的气态物质。

6.2.1 固体废物的分类

固体废物的来源十分广泛,种类繁多,成分也相当复杂。不同发生源产生的固体废弃物也各不相同,如表 6-2 所示。

表 6-2 从各类发生源产生的主要固体废气物

发生源	产生的主要固体废物
商业、机关	纸、布、土、金属、塑料、玻璃、陶瓷、器具、杂品、燃料、管道、沥青、汽车等
市政管理、污水处理	脏土、碎砖瓦、树木、死牲畜、金属、炉渣、污泥、建筑材料等
石油化工工业	化学药品、金属、塑料、橡胶、玻璃、陶瓷、沥青、石棉、烟尘、污泥等
农业	庄稼秸秆、腐烂果蔬、糠秕、果树剪枝、人畜粪便、农药包装等
采矿、选矿业	废石、尾矿、金属、废木、砖瓦、水泥、混凝土等
冶金、机械、金属结构、交通工业	废弃金属、玻璃陶瓷、砂石、废模型、废橡胶、废塑料、管道、黏合剂、污垢、废木、布、纤维、填料、纸、烟尘、废交通工具、废仪器、废电器等
橡胶、皮革、塑料工业	橡胶、皮革、塑料、线、布、纤维、金属、残渣等
建筑材料工业	橡胶、皮革、塑料、线、布、纤维、金属、残渣等
电器、仪器、仪表工业	金属、玻璃、木炭、塑料、橡胶、化学药品、电器、仪器、仪表等
食品工业	烂肉、蔬菜、水果、谷物、金属、塑料、玻璃、烟草、罐头盒等
居民生活	食物垃圾、纸、布、木、金属、塑料、玻璃、陶瓷、器具、杂品、碎砖、脏土、燃料、粪便等

固体废弃物的分类也是多种多样的,不同的国家和地区所采用的分类依据也是不同的,我国主要是将固体废物分为城市生活垃圾、工业固体废物和危险废物 3 类,西方一些发达国家将固体废物分为城市生活垃圾、农业固体废物、工业固体废物和放射性废物 4 类,如图 6-34 所示。

城市生活垃圾主要是指居民日常生活中产生的固体废弃物,如废纸、废纸制品、废电池、皮革、废电器、废旧家具、厨房废物、废塑料、玻璃陶瓷、废橡胶、废交通工具、丢弃的主副食品以及废旧的包装材料等。农业固体废物主要是指人和畜禽粪便、米糠、植物秸秆、玉米芯等。放射性及危险性废弃物主要是指易燃性、反应性、有毒性、疾病传染性等给人造成短期或长期危害的废气物。工业固体废弃物主要是指在工业生产和工业加工过程中产生的废渣、粉尘、污泥、碎屑等,表6-3列出了主要工业行业排放的固体废弃物的种类和数量。

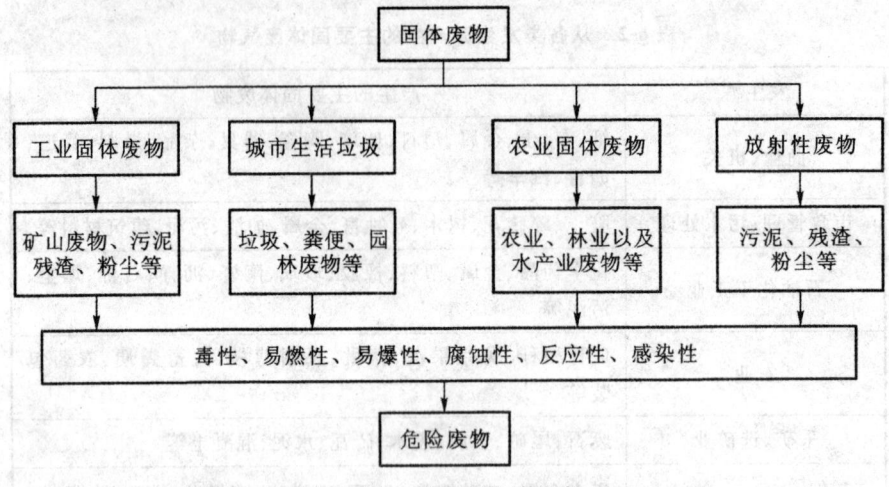

图 6-34 固体废物的分类

表 6-3 主要工业行业排放的固体废弃物的种类和数量

行业类别	固体废弃物种类及数量
有色金属业	赤泥:生产氧化铝石所排出的泥渣,生产 1 t 氧化铝排出赤泥量 800～2 000 kg 有色金属渣 炼铜渣:生产 1 t 铜排出 600～800 kg 炼铅渣:生产 1 t 铅排出 300～400 kg 炼锌渣:生产 1 t 锌排出 300～400 kg 炼镍渣:生产 1 t 镍排出 4 000 kg
电力工业	粉煤灰及炉渣,燃烧 1 t 煤产生炉灰渣及粉煤渣 100～300 kg
矿山开采	废石:各种金属和非金属矿山在开采过程中剥离的尾岩和废矿石、每吨矿石产生废石 2 000～3 000 kg 尾矿:在选矿、洗选过程中排出的尾矿,每吨铁矿约排出尾矿 3 000 kg 煤矸石:采煤巷道掘进中排出的废矸石,每吨煤约 2 000 kg;洗煤时间约排出 650～700 kg

续表

行业类别	固体废弃物种类及数量
机械工业	废型砂:各种机械零件铸造时的废砂模、砂芯等,主要成分是二氧化硅和黏合剂
建材工业	水泥窑灰:主要成分是钙、硅、镁、铁、铝等,其数量为水泥产量的10%左右
化学及石化工业	硫铁矿渣:1 t产品约排硫铁废矿500 kg 磷石膏:磷酸工业排放的磷石膏量,每吨磷酸为4 000~5 000 kg;用酸沉淀后所产生的铅和磷酸铁量为10~50 kg 电石渣:1 t乙炔产生电石渣的量为2 500~3 000 kg

固体废物可通过大气、土壤、地表或地下水等环境介质直接或间接传入人体,传染疾病,威胁着人的健康,给人类造成潜在的短期或长期的危害。随着人们物质生活水平的提高,人们越来越认识到固体废物对人类的危害,因此,对固体垃圾的处理越来越受到世界各国的重视。

6.2.2 堆肥法

堆肥法是依靠自然界广泛分布的细菌、真菌、放线菌等微生物,有控制地促进可被生物降解的有机物向稳定的腐殖质转化的生物化学工程。

6.2.2.1 好氧堆肥的典型工艺

(1)静态堆肥工艺。条状堆肥是静态堆肥工艺的一种,见图6-35。其工艺简单,设备少,处理成本低,发酵周期为50 d,操作条件差。用人工翻动,第2 d、7 d、12 d各翻动一次;在以后35 d的腐熟阶段每周翻动一次。翻动的同时可喷洒适量水以补充蒸发掉的水分。

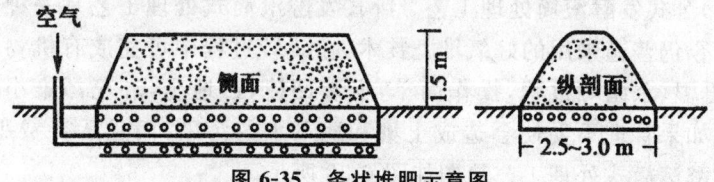

图6-35 条状堆肥示意图

(2)高温动态二次堆肥工艺。高温动态二次堆肥工艺(图6-36),分两个阶段,前5~7 d为动态发酵,机械搅拌,通入充足空气,好氧菌活性强,温度高,快速分解有机物;7 d后用皮带将发酵半成品输送到另一车间进行静态二次发酵,垃圾进一步降解稳定,20~25 d 完全腐熟。

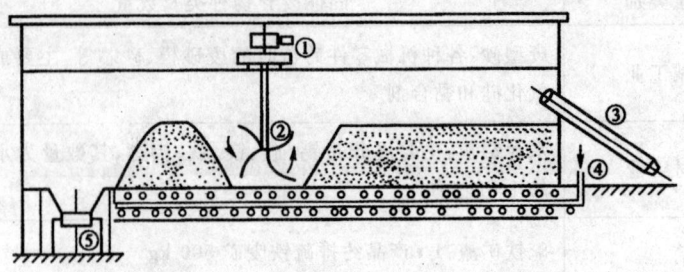

图 6-36 高温动态二次堆肥工艺简图
①吊车;②抛料翻堆机;③进料皮带运输机;④供气管;⑤出料皮带运输机

(3) 立仓式堆肥工艺。立仓式堆肥工艺见图 6-37。该工艺占地少,升温快,垃圾分解彻底,运行费用低。缺点为水分分布不均匀。

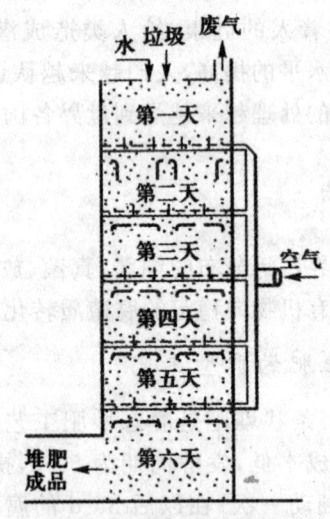

图 6-37 立仓式堆肥工艺

(4) 卧式发酵滚筒处理工艺。卧式发酵滚筒式处理工艺是一种比较古老但至今仍普遍采用的好氧堆肥技术,在旋转过程中可完成有机物的生物降解、升温、杀菌等过程,操作简单,安装便捷,占地少,环境污染小。但不足的是如果管理不妥便会造成土壤和地下水的污染,而且运行费用较高。卧式发酵滚筒式处理工艺简图如图 6-38 所示。

(5) 机械翻堆条形发酵工艺。机械翻堆条垛式系统工艺流程如图 6-39 所示。该工艺的特点是成本低,生产效率高,但也具有占地面积大的缺点。

(6) 强制通风式固定垛发酵工艺。强制通风式固定垛发酵工艺可以避免自然通风静态堆肥内出现供氧不足的弊端,该工艺的特点是沿着长度方向设置通风管或通风槽,由高压离心机根据堆体的发酵状况强制通风,其工艺流程如图 6-40 所示。

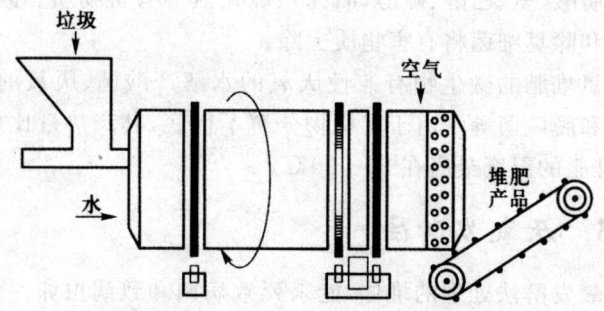

图 6-38　卧式发酵滚筒式处理工艺简图

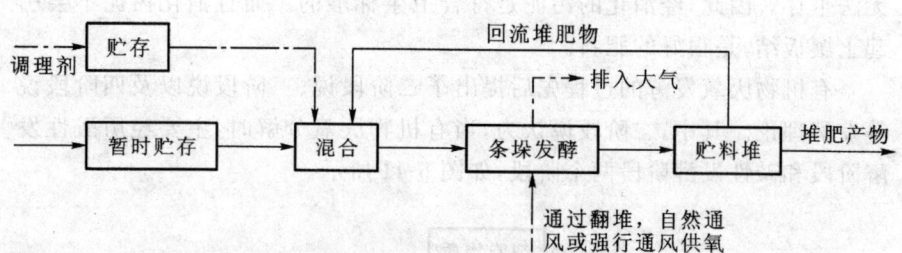

图 6-39　机械翻堆条垛式系统工艺流程图

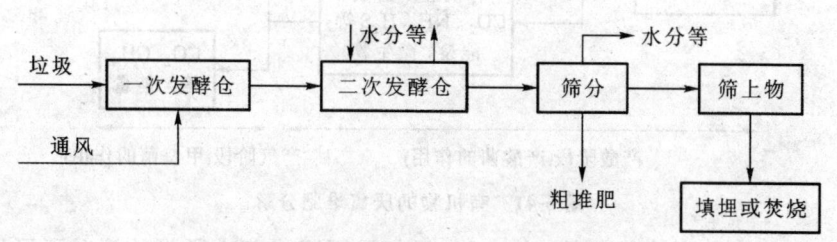

图 6-40　仓式静态通风堆肥工艺流程图

6.2.2.2　厌氧堆肥

厌氧堆肥的原理和污(废)水厌氧消化原理基本相似。不同的是:污(废)水厌氧消化是液体发酵;厌氧堆肥是固体发酵,其发酵过程如下所示:

有机物质+厌氧菌+二氧化碳+水→甲烷+氨+脂肪酸+乙醛+硫醇+硫化氢

有机固体废物经分选和粉碎以后,进入厌氧处理装置,在兼性厌氧微生物和厌氧微生物的水解酶作用下,将大分子有机物降解为小分子的有机酸、腐殖质和 CH_4,CO_2,NH_3,H_2S 等。就产甲烷过程而言,与污(废)水中的甲烷发酵一致,也分 3 个阶段。

厌氧分解后的产物中含许多嗜热细菌和对环境造成严重污染的物质,其中含有脂肪酸、氨、乙醛、硫醇(酒味)、硫化氢等有害物质。因此,还需要有除臭装置和除臭细菌将有害物质去除。

参与厌氧堆肥的微生物有兼性厌氧的水解产酸菌、厌氧的产甲烷菌,厌氧脱氨菌和脱硫菌等。由于有机物分解不彻底,其产热量比好氧发酵的低。因此,堆肥的温度最高在 50~60℃。

6.2.3 厌氧发酵法

采用厌氧发酵法处理的堆体,能杀死致病菌和致病虫卵。致病虫卵和致病菌会在消化期间被杀死。产甲烷菌能使痢疾杆菌、霍乱弧菌等致病菌无法生存。因此,经消化的污泥是符合卫生标准的。而且消化污泥不会引起土壤板结,是很好的肥料。

有机物厌氧发酵的过程先后提出了二阶段说、三阶段说以及四阶段说等发酵理论。其中,二阶段说认为,当有机物厌氧分解时,主要经历酸性发酵阶段和碱性发酵阶段两个阶段,如图 6-41 所示。

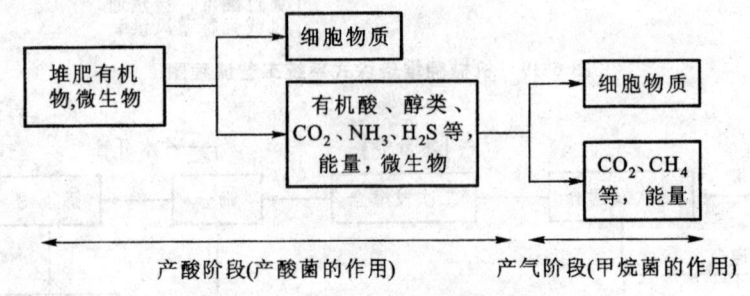

图 6-41 有机物的厌氧堆肥分解

厌氧发酵的方法便捷、省功,在不急需用肥或劳力紧张的情况下可以采用。如图 6-42 所示为某厂采用先进的强制通风隧道式发酵技术的堆肥工艺流程。

整个厌氧发酵有 3 个阶段:液化、产酸、产甲烷,在分解菌的作用下,多糖被水解成单糖,蛋白质被分解成多肽和氨基酸,脂肪被分解成甘油和脂肪酸。厌氧处理法虽然分为 3 个阶段,但是在厌氧反应器中,这 3 个阶段是同时进行的,并保持某种动态平衡。厌氧发酵过程的 3 个阶段如图 6-43 所示。

第6章 微生物在环境污染治理中的应用

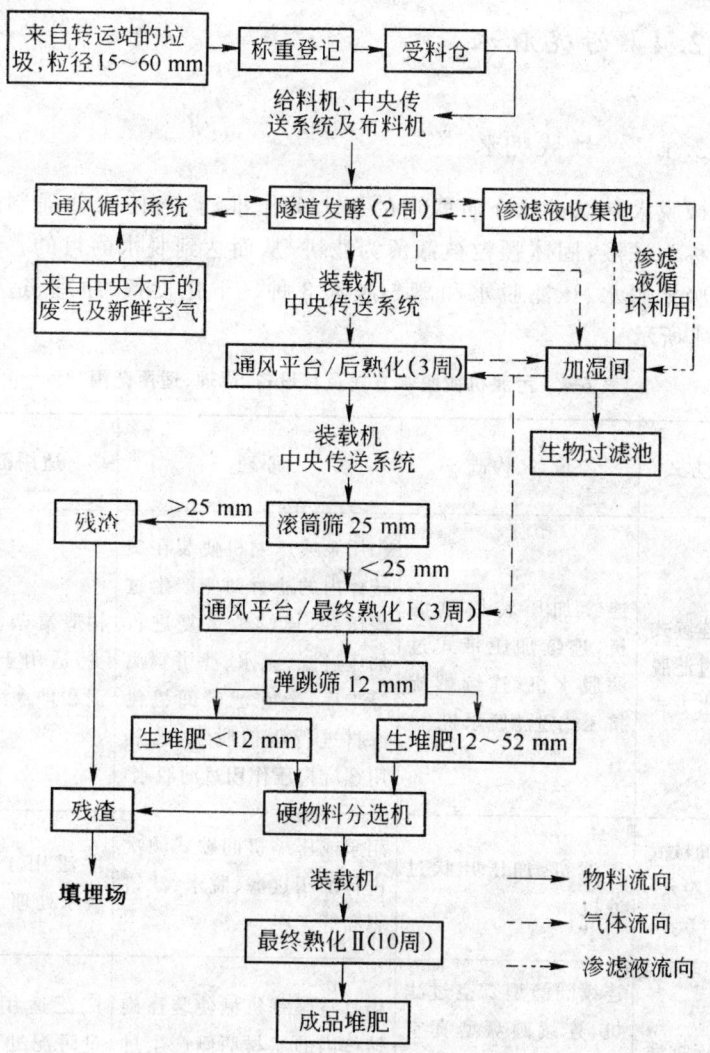

图 6-42 某堆肥厂堆肥工艺流程图

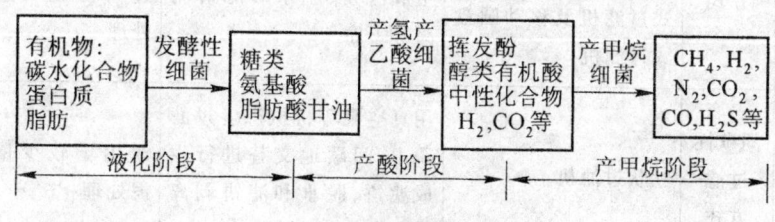

图 6-43 厌氧发酵三阶段

6.2.4 污泥脱水

6.2.4.1 机械脱水

机械脱水是以过滤介质两边的压力差作推动力,使水分强制通过过滤介质称为滤液,固体颗粒被截留为滤饼,从而达到脱水的目的。其可分为真空吸滤脱水、压滤脱水和离心脱水3种。干化设备、原理、适用范围如表6-4所示。

表6-4 污泥机械脱水方式及其设备、原理、适用范围

脱水技术	方式	设备、构造	原理	适用范围
加压过滤	连续式过滤脱水方式	连续加压转筒过滤机,连续加压带式过滤脱水机,连续螺旋挤压式过滤脱水机	①用泵或压缩机使装在旋转体内的滤材两侧产生过滤压差,连续地重复进行加压过滤、脱水、滤饼剥离等工序;②在滤带间提供滤材进行压榨脱水;③利用螺旋挤压作用过滤脱水	构造复杂,实例很少,适用于给水污泥和排水污泥等
	间歇式脱水方式	压滤机,加压叶状过滤机	用泵或压缩机间歇式顺次进行加压过滤、脱水、滤饼剥离等工序	广泛用于污泥的脱水处理
真空过滤	连续性过滤方式	连续圆筒型真空过滤机,连续圆盘型真空过滤机,连续水平型真空过滤机,连续带式过滤机及移动圆盘式过滤机	用真空泵等机械使装在旋转体内的滤材两侧产生滤压差,连续地重复进行生成滤饼、脱水和滤饼剥离等工序	广泛适用于较大量污泥处理,有不少机种适用于难过滤污泥的连续处理
	间歇性过滤方式	叶状过滤机	用真空泵等机械产生过滤压力,间歇地交替进行生成滤饼、脱水和滤饼剥离等工序	适用于较少量污泥处理

续表

脱水技术	方式	设备、构造	原理	适用范围
离心脱水及离心沉降过滤	离心脱水过滤方式	利用高速旋转体的离心效果促进污泥的浓缩脱水	依靠设置在高速旋转体内壁的滤材及离心作用进行脱水过滤	使用实例不少,但维修管理较困难,污泥处理时需添加混凝剂
	离心沉降方式	离心沉降机	利用高速旋转体的离心效果促进污泥的浓缩脱水	适用于水处理厂的各种污泥实例不少,但粒子去除率一般较低,故必须添加混凝剂

6.2.4.2 自然干化脱水

自然干化脱水是一种古老而广泛采用的脱水方法,其原理是利用自然蒸发和底部滤料、土壤进行过滤脱水。这种脱水方式的设备简单,干化污泥含水率低,但是占地面积大,只适用于小规模应用。干化的设备、原理及应用如表6-5所示。

表6-5 污泥自然脱水方式及其设备、原理、适用范围

脱水技术	方式	设备、构造	原理	适用范围
自然脱水	砂滤式	20～30 cm 厚砂层和20 cm 砾石层	依靠砂层过滤脱水和利用太阳能和风进行自然蒸发脱水	给水污泥、排水污泥,脱色废水、洗毛废水、电镀废水等处理后污泥
	干化床式	分层的干化床及浅的干化床	利用太阳热量和风的作用进行自然蒸发脱水	给水污泥、排水污泥等

除了使用机械脱水和自然脱水方式来对污泥进行脱水外,还有脱水筛分以及近年来研发的新技术冷冻脱水、凝聚上浮等方式,如表6-6所示。另外,除了对污泥进行脱水外,利用生物技术还可以进行工业固体废物处理、含油污泥的生物处理、矿业固体的有价金属回收、农业固体废物的处理以及畜禽粪便的处理等。

表 6-6　污泥其他脱水方式及其原理、设备、适用范围

脱水技术	方式	原理	设备、构造	适用范围
脱水筛分	造粒方式	依靠添加混凝剂形成泥粒进行筛分脱水	近年来国外开发这种方式的装置	广泛用于采石废水及工业废水的处理
	凝聚方式	依靠添加混凝剂形成絮凝物进行筛分脱水	由国外某公司开发的新装置	正试图扩大用于工业废水处理
其他	凝聚上浮、冷冻脱水、毛细管脱水及电渗脱水等			均为近年来开发的新技术，当实际应用时，还有不少技术及设备上的问题解决

6.3　微生物在大气污染治理中的应用

随着我国工业现代化进程加快，电子、橡胶、化工等行业迅速发展的同时排入大气环境中的有机污染物也在迅速增加，这些污染物已经直接危害到人们的身体健康，有害空气污染物质和工厂臭气造成的环境污染问题越来越受到人们的重视，传统的物理化学方法已经不能完全满足人们对空气净化的要求。

目前，生物法已逐渐成为世界工业废气净化研究的前沿热点课题之一，微生物处理大气污染主要用于净化有机污染物，此外，在氮氧化物净化等方面的研究和工业应用也取得了可喜的进展。

6.3.1　有机废气的微生物处理流程

微生物利用有机物进行分解代谢和合成代谢，生成的代谢产物一部分进入液相，一部分合成为细胞物质或细胞代谢能源。其流程如图 6-44 所示。

第6章 微生物在环境污染治理中的应用

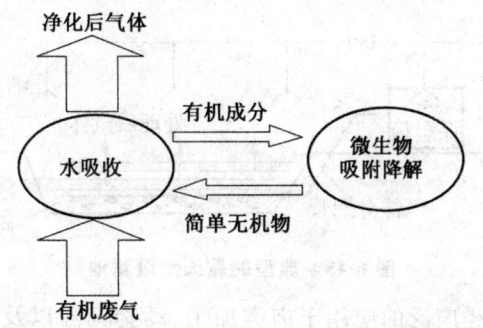

图 6-44　生物化学法净化处理工业废气过程示意图

6.3.2　生物过滤法

生物过滤法废气生物处理工艺是用含有微生物的固体颗粒吸收废气中的污染物,然后利用微生物再将其转化为无害物质。其基本过程为废气穿过潮湿的多孔材料填充层;其中的污染物被多孔材料表面的水膜吸附;固定于多孔材料表面的微生物持续利用这些吸附的污染分子。

用于滤层固定微生物的材料必须具有:一定量的粒度以保证具有足够的颗粒间隙,利于废气的均匀通过;较大的比表面积以利于微生物的固定生长,良好的持水性以满足微生物生命活动的需要,较高的机械强度和较低的堆积密度以维持一定的滤床堆积层高。传统的滤床材料包括木屑、稻草、堆肥等,工程应用的介质材料包括珍珠岩、陶粒、活性炭等。

生物过滤法具有运行费用低,无须添加化学品的优势,但存在气流与浓度变化容易引起沟流穿透,占地面积较大的缺点,适用于那些气量较大且较稳定,有机质浓度较低的废气。

生物过滤法常用的工艺设备包括土壤滤池、堆肥滤池和微生物过滤箱。

6.3.2.1　土壤滤池

土壤滤池通常由气体和土壤滤层两部分构成,气体分配层下层铺设粗石子、细石子或轻质陶粒骨料组成,上部由黄沙和细粒骨料组成,总厚度 400~500 mm;土壤滤层由黏土、含有机质沃土、细砂土和粗砂按一定比例混合的配料组成,黏土 1.2%、有机质沃土 15.3%、细砂土 53.9%、粗砂 29.6%。为了保证处理效率,土壤中还要维持适当的水分以及 pH,露天土壤滤池如图 6-45 所示。

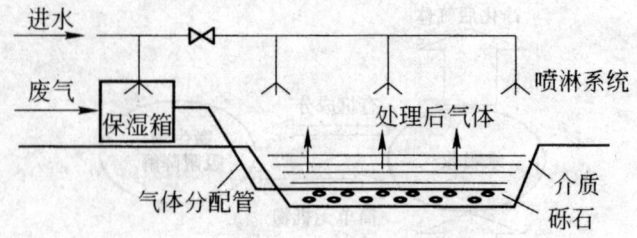

图 6-45 典型的露天土壤滤池

土壤过滤已经广泛的应用于肉类加工、动物饲养以及堆肥等产生的废气处理中。土壤滤池具有投资小、抗冲击能力强、无二次污染等优点。

6.3.2.2 堆肥滤池

土壤滤池中土壤颗粒之间的小孔尺寸带来滤池的堵塞问题,为了解决这个问题,产生了堆肥滤池。堆肥滤池的结构如图 6-46 所示。

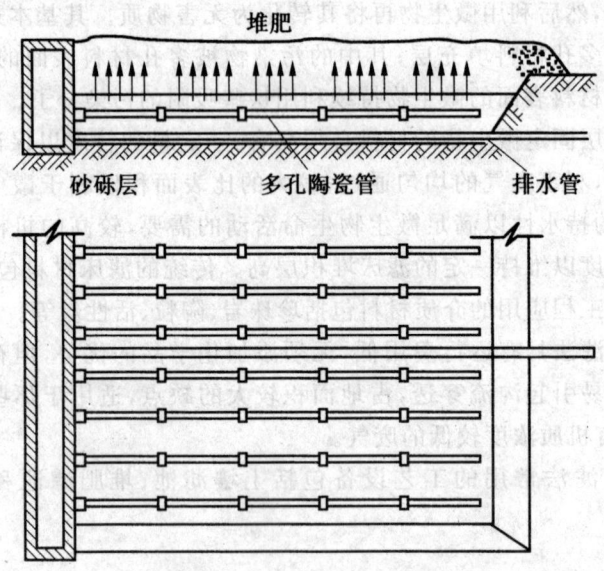

图 6-46 堆肥滤池示意图

在地面挖浅坑,在池的中央设输气总管,总管上接出多孔配气支管,并铺设砂石等材料,构成 50～100 mm 厚的气体分配层,在气体分配层上铺设 500～600 mm 厚的堆肥,构成过滤层,过滤气速一般为 $0.01～0.1$ m/s。堆肥滤池中的微生物比土壤滤池中多,废气的去除率也较高。堆肥滤池占地较少,在温湿气候条件下不易干燥,工艺较成熟。

6.3.2.3 微生物过滤箱

土壤池和堆肥池都会受到土壤本身特性的限制,为了克服这些局限性,可采用人工合成含多种有机物的颗粒。以这些生物活性高、耐用性强的载体作为填料的微生物过滤工艺称为微生物过滤箱处理法。如图6-47所示。

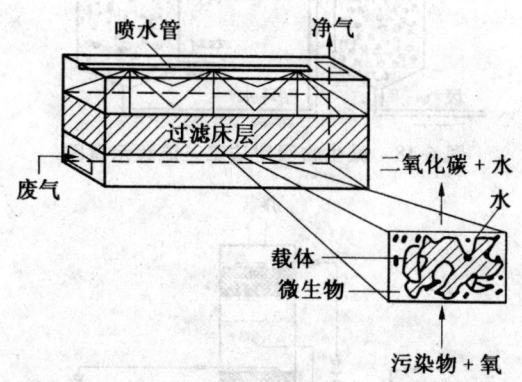

图6-47 微生物过滤箱示意图

微生物过滤箱法处理有机气体的过程可控性强,处理效率高,抗冲击性能强,占地面积小,卫生条件好,而且成本低。不足的是处理效果相对较差。

6.3.3 生物吸收法

生物吸收工艺通常是由吸收装置和吸收液反应装置组成的,该工艺利用对有机废气成分有特别降解作用的微生物、营养物和水组成的微生物吸收液处理废气,其工艺流程如图6-48所示。这种反应器的体积较小,节约成本,生物所需的营养和pH条件比较容易控制。不足的是该系统的安装成本较高,且需要高昂的进料。

这里介绍两例生物吸收法用于处理动物脂肪加工和金属铸造废气的实例。

如图6-49所示的为处理动物脂肪加工废气的生物吸收系统,该吸收反应器分为两级,第一级用弱酸性吸收液吸收弱碱性和中性有机物、氮,第二级用弱碱性吸收液吸收其他污染物。

如图6-50所示为处理轻金属铸造废气的生物吸收系统,该系统由两个并联的吸收器、生物反应器以及辅助设备组成。第一级废气中的粉尘和碱性污染物被弱酸性吸收剂清除,第二级中的气体与生物悬浮液接触。

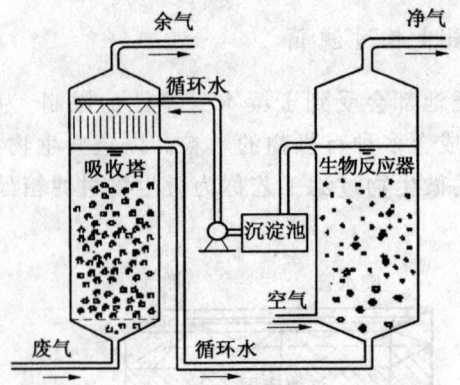

图 6-48 微生物吸附法工艺流程示意图

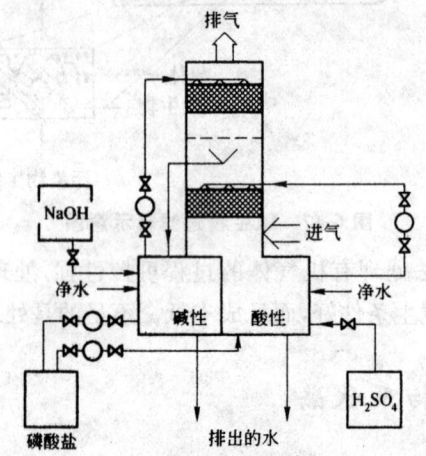

图 6-49 动物脂肪加工废气生物吸收系统

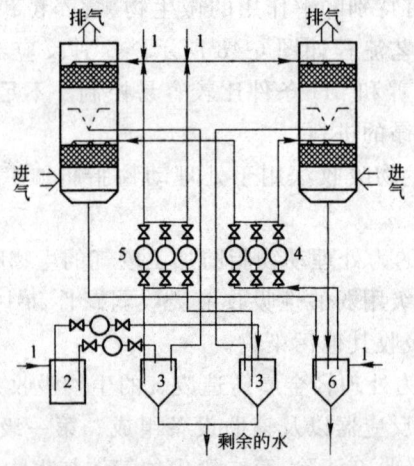

图 6-50 轻金属铸造废气生物吸收系统

生物反应器的主要技术参数如表 6-7 所示。

表 6-7 生物反应器主要技术参数

技术参数	动物脂肪加工	轻金属铸造厂
输入气体浓度	2 000~20 000 Nod①	60~100 ppm②
气体流量/m³·h⁻¹	40 000	2×60 000
气体压降/Pa	5.76	400~600
气液比/m³·m⁻¹	1 200	346.8
气体最高温度/K	308	308
气体平均停留时间/s	4	9
净化后气体浓度	—	酚 6 mg/m³
原料消耗	H_2SO_4(纯)2.0	—
能耗/kJ·m⁻³	NaOH(纯)0.1	7.20
设备材料	聚乙烯和聚氯乙烯	聚乙烯和聚氯乙烯

注:①Nod 为臭味单位;②1 ppm=10^{-6}。

6.3.4 微生物在有机废气处理中的应用

生物处理方法适宜处理多种挥发性有机物和许多工艺废气中的无机蒸汽物质,这些物质中含有氮、氯或可产生少量酸的硫化物。例如,H_2S 通常是恶臭问题的来源。为了解决臭气问题,通常需要对其进行一系列的工艺处理。如图 6-51 所示为臭气处理工艺的流程图。

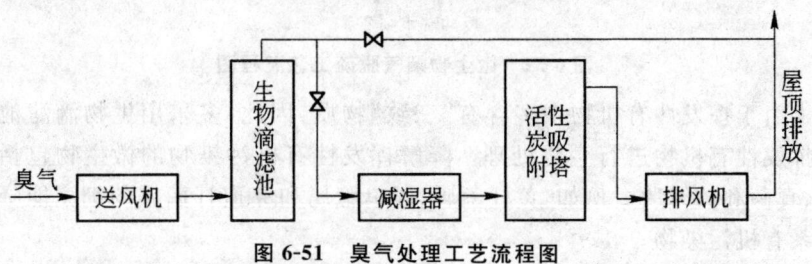

图 6-51 臭气处理工艺流程图

今后的研究将主要集中在以下几个方面:
①有机废气生物处理的动力学及生物学原理的研究。
②研究并开发适合于特定有机物降解的细菌种类和接种方法。
③新型、高效生物处理设备的研制。

④低浓度、复杂的混合型恶臭气体的生物处理工艺研究。

我国大气污染主要以煤烟型为主,酸雨是硫酸型的,造成酸雨的主要原因是 SO_2 的排放。煤中的无机硫大部分以 FeS_2 的形式存在,在微生物作用下,煤中的无机硫被氧化、溶解,最终生成硫酸和 Fe^{2+} 而被去除。无机硫脱除的反应过程是开采出来裸露的原煤与空气接触发生氧化反应,其反应式为:

$$2FeS_2 + 7O_2 + 2H_2O \rightarrow 2FeSO_4 + 2H_2SO_4$$

经自然氧化后的煤矿水变酸,一般 pH 在 2.5~4.5,因而促进了耐酸性细菌的繁殖,例如氧化硫杆菌。$FeSO_4$ 是细菌生成的能源,氧化亚铁硫杆菌能将 $FeSO_4$ 氧化成 $Fe_2(SO_4)_3$,其反应式为:

$$4FeSO_4 + 2H_2SO_4 + O_2 \xrightarrow{\text{氧化亚铁硫杆菌}} 2Fe_2(SO_4)_3 + 2H_2O$$

硫酸铁与黄铁矿继续反应生成更多的硫酸,硫酸使黄铁矿中的硫得到进一步转化而脱除,其反应式为:

$$FeS_2 + 7Fe_2(SO_4)_3 + 8H_2O \rightarrow 15FeSO_4 + 8H_2SO_4$$

微生物烟气脱硫工艺流程如图 6-52 所示,有 2 个生化反应器,分别为吸收塔和三层滤料生物滤池。在粒状填料表面,微生物经驯化、培育和挂膜后形成一层生物膜,与吸收塔出来的气水混合物进一步发生反应,使烟气中剩余的 SO_2 很快被脱除,同时生物滤膜料对循环吸收液起净化作用,防止堵塞喷嘴。

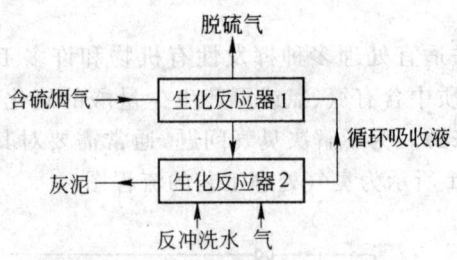

图 6-52　微生物烟气脱硫工艺流程图

由于挥发性有机物中多含有"三致"物质,因此,多采用生物滴滤池法对挥发性有机物进行生物处理。降解挥发性有机污染物的微生物包括细菌、真菌和放线菌。例如,黄杆菌属、假单胞属和芽孢杆菌属的细菌能降解苯系有机污染物。

6.3.5　废气生物处理技术存在的问题及发展趋势

废气生物处理技术的研究热点主要集中在以下几个方面,如图 6-53 所示。

第6章 微生物在环境污染治理中的应用

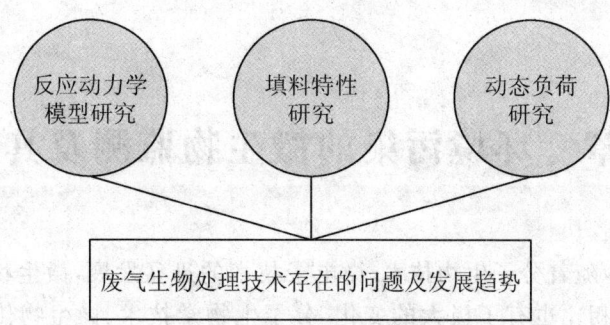

图 6-53　废气生物处理技术存在的问题及发展趋势

废气生物处理涉及气、液、固相传质及生化降解过程,影响因素多而复杂,有关的理论研究及实际应用还不够深入、广泛,需要进一步探讨和研究。

第 7 章 环境污染的微生物监测及其发展

近年来,随着分子生物技术、微电子技术的迅猛发展,微生物监测技术与传统方法相比也有了极大的变化,分子生物学技术、微生物传感器技术在微生物的分类与鉴定、环境污染物的监测与毒性分析方面取得很大进展,发展日新月异。本章主要针对微生物监测技术的原理以及在水、土壤、空气等方面的应用做了具体的介绍。

7.1 环境监测概述

环境监测,是指依照国家的技术标准、规范和规程,对大气、水、海洋、森林、土壤、草原、生物等环境要素的质量,以及污染源、自然灾害、污染事故和战争等影响环境质量的因素进行监测、检测或观测活动的统称。

根据上述定义,环境监测具有以下几层含义,如图 7-1 所示。

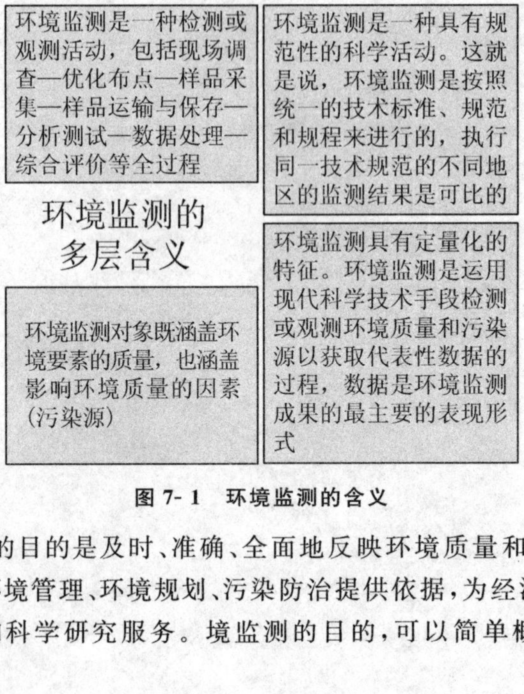

环境监测是一种检测或观测活动,包括现场调查—优化布点—样品采集—样品运输与保存—分析测试—数据处理—综合评价等全过程	环境监测是一种具有规范性的科学活动。这就是说,环境监测是按照统一的技术标准、规范和规程来进行的,执行同一技术规范的不同地区的监测结果是可比的
环境监测的多层含义	
环境监测对象既涵盖环境要素的质量,也涵盖影响环境质量的因素(污染源)	环境监测具有定量化的特征。环境监测是运用现代科学技术手段检测或观测环境质量和污染源以获取代表性数据的过程,数据是环境监测成果的最主要的表现形式

图 7-1 环境监测的含义

环境监测的目的是及时、准确、全面地反映环境质量和污染源现状及发展趋势,为环境管理、环境规划、污染防治提供依据,为经济建设、社会发展、人民生活和科学研究服务。境监测的目的,可以简单概括为两个"说清",即说清环境质量现状及其发展趋势,说清污染物排放现状及其发展趋势。环境监测的意义具体体现在环境监测所具有的"三大功能"之中,如图7-2所示。

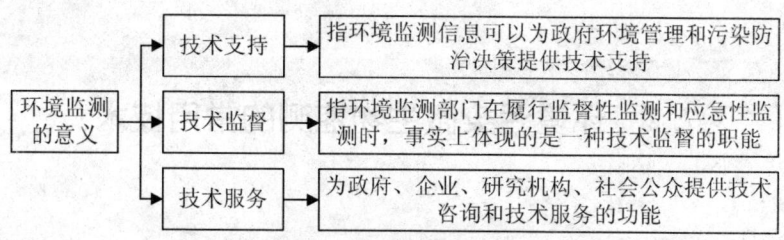

图 7-2 环境监测的意义

根据监测手段的不同,环境监测可以分为物理监测、化学监测、生物监测、生态监测等几个方面,如图 7-3 所示。

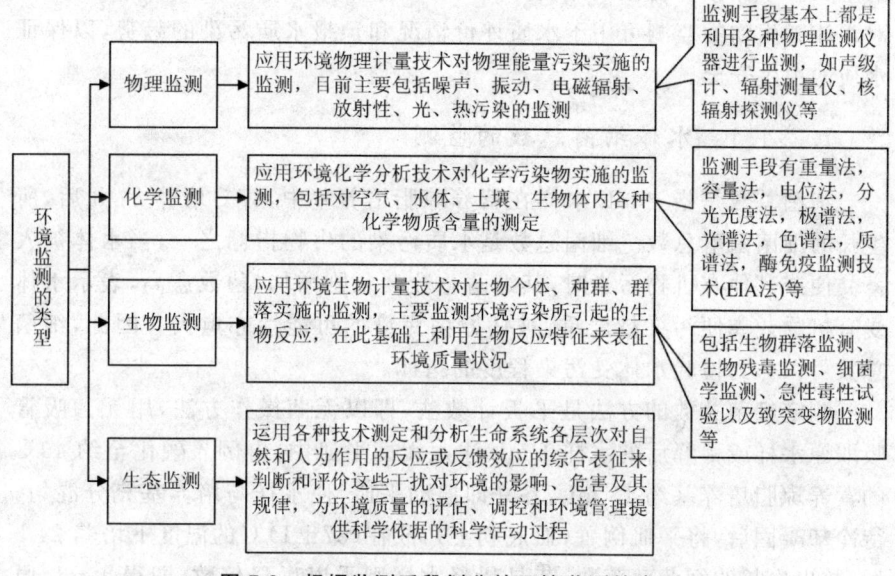

图 7-3 根据监测手段划分的环境监测的类型

生物监测是利用生物对环境污染所发出的各种信息作为判断环境污染状况的一种手段。生物长期生活在自然界中,不仅可反映多种因子污染的综合效应,而且还能反映环境污染的历史状况,故生物监测可弥补物理、化学监测方法的不足。特别是微生物具有得天独厚的特点,而且与环境关系极为密切,因此微生物监测在生物监测中占有特殊的地位。

与理化监测相比,生物监测具有以下特点:能够反映环境污染的综合效应、能够反映环境污染的累积效应、连续监测、成本低等。不足之处在于定量困难、灵敏度低、选择性不强、时效性差等。因此,生物监测并不能够替代理化监测,实践中往往结合使用。① 按监测对象划分,生物监测可以分为3类:空气和废气生物监测、水和废水生物监测、土壤和固体废弃物生物监测。

7.2 环境污染微生物监测的常用技术

7.2.1 水中微生物的监测

各种水体如江河湖海等尤其是污水中含有大量的有机物,适合微生物的生长。水体微生物主要来源于土壤或人类与动物的排泄污染等。因此对水体微生物的监测可用于水质评价情况和预报水质污染的趋势,以保证水质的卫生安全。

7.2.1.1 水体细菌总数的监测

细菌总数是指1 mL水样在营养琼脂培养基中,37℃培养24 h后,所生长的细菌菌落总数。细菌总数是水质污染的生物指标之一,当水体被人畜粪便或其他有机物污染时,其细菌总数会急剧增加,菌数愈高,表示水体受有机物或粪便污染越严重,被病原菌污染的可能性亦愈大。因此,细菌总数可以作为检验水体受污染程度的指标。

测定细菌总数的方法是平板计数法,即以无菌操作方法,用无菌吸管吸取原水样或稀释后的水样1 mL注入无菌平皿中,再倒入融化至约46℃的营养琼脂培养基约15 mL,并立即摇动平皿,使水样与培养基充分混匀,待冷却凝固后,将平皿倒置(皿底朝上),放在(37±1)℃的温度下培养24 h后,数出生长的细菌菌落数,若是稀释水样则乘以稀释倍数,即得1 mL原水样中所含细菌菌落总数。②

在37℃营养琼脂培养基中能生长的细菌,代表在人体温度下能繁殖的异养型细菌,所以,在饮用水中所测得的细菌总数除说明水被有机物污染的程度外,还指示该饮用水能否饮用;但水源水中的细菌总数不能说明污染来源。

---

① 常学秀,张汉波,袁嘉丽. 环境污染微生物学[M]. 北京:高等教育出版社,2006.
② 王有志. 环境微生物技术[M]. 广州:华南理工大学出版社,2008.

第7章 环境污染的微生物监测及其发展

因此,结合大肠菌群数来判断水的污染源和安全卫生程度就更为合理。

7.2.1.2 总大肠菌群的监测

大肠杆菌是一种在37℃、24 h之内发酵乳糖产酸产气,好养及兼性厌氧的革兰氏阴性无芽孢杆菌。

根据水源受污染的情况对接种的水样量要进行系列稀释或浓缩,同时设平行管,37℃培养24 h,发现有发酵乳糖产酸产气现象,则初发酵为阳性反应;再经伊红美蓝平板分离,观察菌落特征,取紫色带金属光泽的典型菌落培养物涂片,革兰染色,镜检为革兰阴性无芽孢杆菌者再于37℃培养24 h复发酵,若仍为阳性,则证明有总大肠菌群存在。根据阳性管数,查大肠菌群检索表求出大肠菌群的最大可能数。

粪大肠菌群是总大肠菌群的一部分,主要来自粪便,在44.5℃下仍能发酵乳糖产酸产气,粪大肠菌群能更准确地反映水体受粪便污染的情况。通过提高温度,造成不利于自然环境中大肠菌群的生长条件,从而培养出主要来自粪便的大肠菌群,根据阳性管数,查表求出粪大肠菌群的最大可能数。粪大肠菌群代表水体最近被粪便污染的情况,在卫生学上具有更重要的意义。

(1)滤膜法。该法使用的滤膜是孔径为 $0.45\sim0.65~\mu m$ 的微孔滤膜,将水样注入已灭菌的放有滤膜的滤器,在负压下抽滤水样,水样中细菌被截留在膜上,将膜转移至伊红美兰平板上,滤膜与培养基完全贴紧,倒置于37℃恒温箱中培养24 h。计典型菌落数,并分别取典型菌落培养物镜检,凡镜检为革兰阴性无芽孢杆菌的,取菌落培养物接种于乳糖蛋白胨发酵管,37℃培养24 h,产酸产气者证明有大肠菌群存在。根据滤族上的大肠菌群细菌菌落数和接种水样量计算每升水样中大肠菌群细菌菌落数。

(2)总大肠菌群酶底物法。该方法是指在选择性培养基上产生β-半乳糖苷酶的细菌群组,该细菌群组能分解色原底物,释放出色原体,使培养基呈现颜色变化,以此技术监测水中大肠菌群的方法。检验方法包括定性反应、10管法和51孔定量盘法。

定性反应是将100 mL水样(若水源污染严重需适当稀释)与(2.7±0.5)g MMO-MUG培养基粉末加入100 mL无菌稀释瓶混摇溶解后于(36±1)℃条件下培养24 h。若培养液呈现黄色则判断水中含有大肠菌群,若颜色未发生变化则给出未检出报告。

10管法是将100 mL水样(若水源污染严重需适当稀释)与(2.7±0.5)g MMO-MUG培养基粉末加入100 ml无菌稀释瓶混摇溶解后,分别取10 mL转入10支无菌试管中,于(36±1)℃条件下培养24 h。若管内培养液呈现黄色则判断该试管水中含有大肠菌群,计数所有呈黄色反应的试管数,参照附录,给出总大肠菌群最可能数(MPN),以 MPN. 100 mL 表示,若所有试管均未呈黄色则给出未检出报告。

51 孔定量盘法是将 100 mL 水样(若水源污染严重需适当稀释)与(2.7±0.5) g MMO-MUG 培养基粉末加入 100 mL 无菌稀释瓶混摇溶解后,全部倒入 51 孔无菌定量盘中,用手抚平定量盘背面以赶除孔内气泡,然后用程控定量封口机封口,于(36±1)℃条件下培养 24 h。若孔内培养液呈现黄色则判断该孔中含有大肠菌群,计数所有呈黄色反应的孔穴数,参照附录,给出总大肠菌群最可能数(MPN),以 MPN. 100 mL 表示,若所有孔穴均未呈黄色则给出未检出报告。

7.2.1.3 耐热大肠菌群的测定

在 44.5℃仍能生长的大肠菌群,称为耐热大肠菌群,即用提高培养温度的方法将自然环境中的大肠菌群与粪便中的大肠菌群区分开。

耐热大肠菌群检验方法主要包括多管发酵法和滤膜法。多管发酵法是从总大肠菌群乳糖发酵试验中的阳性管(产酸产气)中取 1 滴转种于 EC 培养基中,置 44.5℃培养(24±2) h,若所有管均不产气,则可报告为阴性,如有产气则转种于伊红美蓝琼脂平板上,置 44.5℃培养 18～24 h,凡平板上有典型菌落者则证实为耐热大肠菌群阳性。滤膜法操作步骤与总大肠菌群滤膜法相似,不同的是选择性培养基为 MFC 培养基,培养温度由 44.5℃取代 37℃。在 MFC 培养基上耐热大肠菌群菌落的典型特征是蓝色,而非耐热大肠菌群则为灰色至奶油色。对可疑菌落转种至 EC 培养基 44.5℃培养(24±2) h,如产气则证实为耐热大肠菌群。其计算公式为:

$$耐热大肠菌群菌落数(cfu/mL) = \frac{所计得的耐热大肠菌群菌落数 \times 100}{过滤的水样体积(mL)}$$

7.2.1.4 水微生物污染的控制

控制水体微生物的污染首先必须从源头做起,即控制排放废水,尤其是医院废水等微生物的含量,避免大量有害微生物进入水体;其次,消除微生物孳生的环境,净化水体,对地表水、游泳池水要进行定期监测,必要时加入消毒剂以杀灭微生物。

7.2.2 空气中微生物的监测

调查结果显示,若人群在室内聚集 80 min,室内空气中的细菌总数可达

4 300 cfu/m³(撞击法)和 44 cfu/皿(沉降法)。若存在复合污染,人群在室内聚集 20 min,室内空气中细菌总数即可高达 $4×10^3$ cfu/m³ 和 33 cfu/皿,二氧化碳浓度达 0.08%。此时,24.1%的人会产生异臭感和不舒适感。当细菌总数达 $6×10^3$ cfu/m³ 或 75 cfu/皿,二氧化碳浓度达 1.5%时,55%的人群会产生异臭感和不舒适感。

7.2.2.1 空气中微生物的监测方法

(1)撞击法。利用抽气泵的吸引,使一定量空气强迫通过一狭缝或喷嘴,在出口处形成高速喷射气流,空气中携带微生物的悬浮颗粒依靠惯性撞击并粘附于转动的营养琼脂培养基平皿上,37℃培养 24 h,计算菌落数,结果以"cfu/m³"单位表示。

图 7-4 为缝隙采样器,其操作步骤为:用吸风机或真空泵将含菌空气以一定的流速穿过狭缝而被抽吸到营养琼脂培养基平板上,平板以一定的转速旋转。通常平板旋转一周取出后置于 37℃的培养箱中培养 48 h,根据取样时间和空气流量计算单位空气中的含菌量。

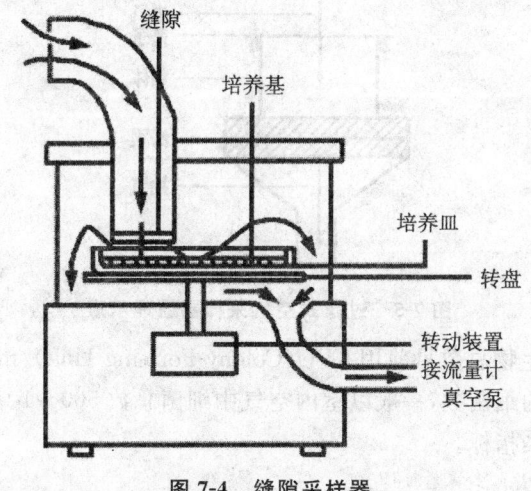

图 7-4 缝隙采样器

该法监测结果具有重要的卫生学意义。因不受气流影响,采样量准确,已成为世界各国首选的空气细菌采样方法。

(2)平皿菌落法。将已灭菌的营养琼脂培养基融化后倒入无菌培养皿中制成平板,把它放在待测点(通常设 5 个测点),打开皿盖暴露于空气中 5~10 min,以待空气中的微生物降落在平板表面,盖好皿盖置于培养箱中培养 48 h 后取出计菌落数。通过奥氏公式计算出浮游细菌总数。

$$C = \frac{1\,000 \times 50N}{A \times t}$$

式中，C 为空气中细菌数，个/m³；A 为补集面积，cm²；t 为暴露时间，min；N 为菌落数，个。

该法准确度不高。用此法监测评价病毒呼吸道感染的意义是很有限的。

(3)过滤法。过滤法是在负压下抽滤空气，使空气通过经灭菌的微孔滤膜，空气中细菌被截留在膜上，然后将膜转移到培养基上，使滤膜与培养基完全贴紧，倒置于 37 ℃ 恒温箱培养 24 h。通过计平板上的菌落数，测定空气中细菌的数量。

过滤式采样器主要由采样头、流量计和抽气机组成。采样头包括简体、盖子及位于采样头底部滤料上的滤膜(图 7-5)。测定前，首先将采样头灭菌，测定时开动电机，带动抽气泵，空气中的带菌粒子就被吸入采样头，微生物被阻留在滤膜上，然后用无菌的镊子将滤膜转移到培养基平板上培养，平板上长出的菌落数即为所采到的微生物菌数。

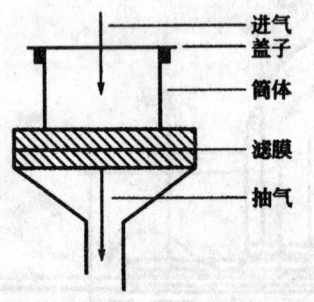

图 7-5 过滤式空气采样器原理示意

空气中微生物总数目前用 CFU(Colony-Forming Unit)/m³ 计量，即每立方米空气落下的细菌数，一般以室内空气中细菌总数 500~1 000 CFU/m³ 以上作为空气污染指标。

7.2.2.2 空气微生物污染的控制

控制空气微生物污染，必须减少空气中微生物的来源，特别是微生物污染严重的医院、肉类加工等行业废水废物的处理消毒工作；搞好室内外环境卫生，减少微生物滋生；绿化造林也是净化空气、除尘、杀菌和吸收有害气体的重要途径；另外空气消毒和空气净化器对净化空气也起一定的作用。

7.2.3 发光细菌的微毒监测

发光细菌法与传统的鱼、蚤和其他水生生物监测方法相比,简便、快速、灵敏、精度高,凡有毒化合物、废水、废物的生物毒性均可测定。目前该法已在环境科学、微生物学、免疫学、细菌学、生物化学和临床检验等领域得到广泛应用。

7.2.3.1 发光细菌监测的原理

目前,国内外已筛选出多株可用于环境监测的发光细菌,并研制出生物毒性测试仪。中国研制出明亮发光杆菌 T_3 变种及 DXY-2 型生物发光光度计(其测试系统如图 7-6 所示)已得到了广泛应用。此外,SDJ-1 型生物发光光度计、用于环境毒性监测的生物发光光度计也开始广泛应用。

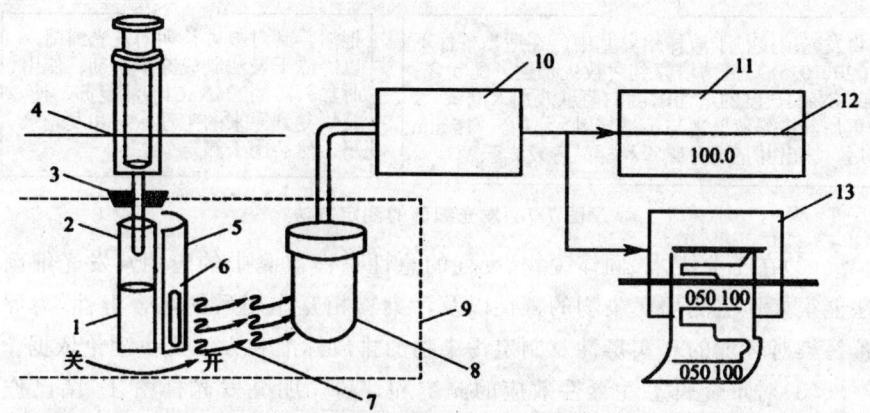

图 7-6 DXY-2 型生物发光光度计测试系统
1—发光细菌稀释液;2—样品管;3—橡皮塞;4—加液器;5—转塔;6—光闸;
7—光子;8—光电管;9—不透光外壳;10—电子设备;11—发光水平读数器;
12—数码管;13—模拟记录仪

近年来人们还研制出便携式发光细菌测试仪,方便移动,灵敏快捷,可以在任何地点工作,适用于环保、卫生、市政、食品生产等多种行业和部门。

7.2.3.2 发光细菌法监测的操作

目前国内外发光细菌的测定常用的有两种方法,如图 7-7 所示。

新鲜发光细菌培养测定法操作较为简便。冷冻干燥发光细菌制剂测定法可实现测定的质量控制。冻干粉可长期保藏方便使用,操作简便,节约时间。

7.2.3.3 发光细菌法的应用

细菌发光法以其简便、快捷、灵敏的特点已被广泛应用于监测环境中污染物的毒性,主要领域包括如下。

(1)在水质监测中的应用。发光细菌法已广泛应用于水源水、区域水系、渔业水及灌溉用水中污染物的生物毒性测定,为环境质量评价提供重要参数。

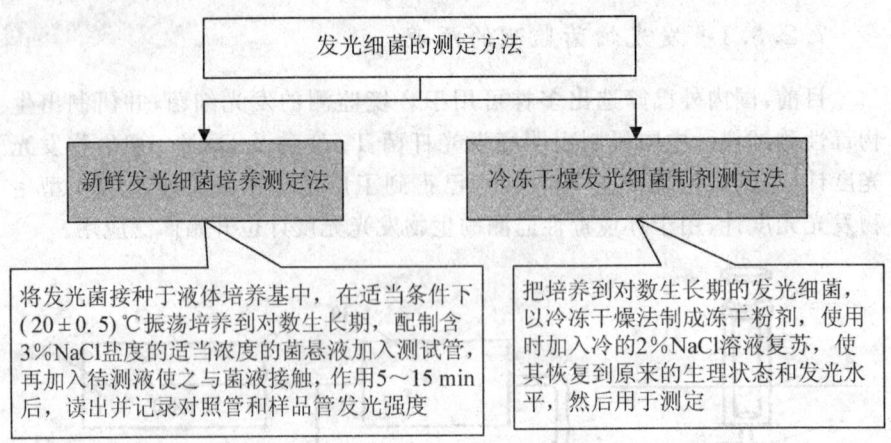

图 7-7 发光细菌的测定方法

(2)在工业废水、固体废物、废气的急性毒性监测中的应用。发光细菌法能很好地监测出污染物的毒性以及污染物相互作用后的综合毒性,为评价污染对环境的真实毒性及制定污染物的排放标准和方法提供理论依据。

(3)对重金属急性毒性效应的测定和评价。明亮发光杆菌 T_3 菌已作为红壤重金属污染土壤的指示菌,而以它的相对发光度表征重金属污染土壤的总体生物毒性指标。

(4)对化学品的毒性评价和安全性评价。发光细菌能很灵敏地监测出化学品、化学危险品的生物毒性,在化学危险品风险评价方面起着重要作用。

7.2.4 污染物致突变的监测

关于人类癌症的起因众说纷纭,但普遍认为,人类癌症多由环境因素中的化学物质引起。下面介绍几种常用的微生物致突变监测试验。

7.2.4.1 鼠伤寒沙门氏菌/哺乳动物微粒体酶试验(Ames 试验)

此试验是美国加利福尼亚大学 Nines 教授等于 1975 年正式系统发表的一种致突变测试法。该试验是通过测定有污染物存在时鼠伤寒沙门菌(*Salmonella typhimurium*)的组氨酸营养缺陷型(his—)菌株发生回复突变的概率来判断污染物的致癌、致突变效应,其阳性结果与致癌物吻合率高达 83%,是美国环保局(EPA)确定的化学物质远期安全评价组合试验中的首选方法。因此,中国药品管理法、食品卫生法等法规中,同样将 Ames 试验列为评价化学物质安全性的首选方法。

该试验设计中,利用了组氨酸营养缺陷型鼠伤寒沙门氏菌可发生回复突变的性能。缺陷菌株(his—)在没有受到致突变物作用时,不能在不含组氨酸的培养基上生长。受到致突变物作用后,菌株 DNA 被损伤,它们可通过基因突变而回复为野生型菌株(his+),能自行合成组氨酸,从而在不含组氨酸的培养基上正常生长。

Ames 试验就是通过在培养物中加入待测物,根据在不含组氨酸的培养基上组氨酸营养缺陷型菌株长出回复突变菌落数目的多少判断待测物的致突变性。鉴于化学物质的致突变作用与致癌作用之间密切相关,故此法现广泛应用于致癌物的筛选。

其优点是:准确性很高、被检样品量很少(能检出微克至毫微克水平的污染物的致突变性),而且能检出多种复杂混合物的致突变性,能较好地反映多种环境污染物的联合效应。

7.2.4.2 细菌的正向突变试验

从理论上看,与回复突变相比,由于正向突变其 DNA 上有更多的位点可以发生突变,因此正向突变监测的化合物可能更为广泛,甚至包括某些回复突变所监测不出的致突变物。例如,枯草芽孢杆菌的芽孢形成试验,正常的野生型枯草芽孢杆菌能产生芽孢,但因某种因素的影响使其发生突变,而成为不能形成芽孢的变异株。该菌染色体中有二十多个操纵子控制着芽孢形成,只要其中任何一个发生变化,芽孢便不产生。正常野生型的枯草芽孢杆菌菌落产棕黄色色素,而突变型菌株不产棕黄色色素,因而通过肉眼即可鉴别出待测物是否为突变物。

7.2.4.3 噬菌体试验(溶原性细菌试验)

溶原性细菌(lysogenic bacteria)在寄主内菌体通常不进入生长状态,而以前噬菌体状态存在,对寄主细胞无明显作用与影响。但当细菌细胞受到某些诱变剂作用时,产生了诱导作用,使前噬菌体活跃起来,在菌体内进入裂解周期,最后使菌体解体。这种裂解作用,在固体培养基上以噬菌斑的形式表现出来,噬菌斑越多,说明诱变剂诱变力越强。因物质的致癌性与诱变性间存在正相关,因此,这种溶源性细菌产生噬菌体诱导现象,可以作为致癌物的鉴定试验。此类试验也称诱导试验。

7.2.4.4 重组缺陷型菌株试验

该方法利用某些失去重组修复机能的菌株进行试验,其DNA受损后,由于不能重组修复而不能生长,因此产生抑菌带。其试验法亦采用点试法:将受试物沾在滤纸片上,放置培养基中央,然后将重组缺陷型菌液与对照菌液分别划线接种于培养基平板上,适当培养后观察结果。若重组缺陷型菌株划线处出现抑菌现象,而非重组缺陷型菌株划线全生长,二者相差2 mm以上者定为阳性结果。

7.2.4.5 聚合酶缺陷型菌株试验

聚合酶缺陷型菌株的聚合酶有缺陷,其DNA受损后不能进行修复,以致细菌无法生存。具有致癌性化学物质作用于这种菌株后,由于细菌生长受到抑制,会出现明显的抑菌带。

聚合酶缺陷型菌株试验多采用点试法:将浸有该受试物的滤纸片放入分别含有聚合酶缺陷型菌株和野生型菌株的培养基平板上,适当培养后观察结果,主要检查抑菌圈宽度。如果聚合酶缺陷型菌株出现抑菌圈,而野生型菌株无此现象出现,则说明该受试物为致突变物或致癌物,抑菌圈越大致突变性越强。

7.3 微生物监测技术的新发展

传感器是能感受特定的被测量的物质并按照一定规律将其转换成可用信号的器件或装置。生物传感器是用固定化生物成分或生物体作为敏感元件的传感器。

生物传感器由识别部分(敏感元件)和信号转换部分(换能器)构成。工作原理为:待测物质经扩散作用进入固定化生物敏感膜层,经分子识别,发生生物化学反应,产生的信息继而被相应的化学或物理换能器转化为可定量和可处理的电信号,再经仪表放大和输出,便可知道待测物的浓度。生物传感器的基本结构和工作原理见图7-8。

生物传感器在环境监测中有着很好的应用,下面介绍其中几个方面。

(1)用于空气监测。

①氨传感器。氨是环境监测的一项重要指标,测定氨生物传感器使用的微生物是硝化细菌,包括亚硝化单胞菌和硝化杆菌,将它们吸附固定在多孔醋酸纤维素膜上(孔径 0.45/μm,厚度 150/μm),然后,把微生物膜紧贴在氧电极端部,再于菌膜上覆盖一层聚四氟乙烯透气膜,就制成了氨生物传感器。

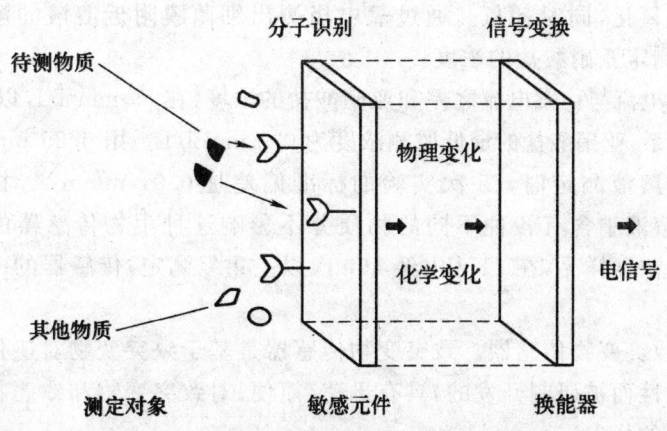

图 7-8 生物传感器的基本结构和工作原理

硝化细菌以氨为唯一能源消耗氧,通过测定反应中氧的变化便可计算 NH_3 的浓度。

$$NH_3 + 3/2O_2 \rightarrow NO_2^- + H^+ + H_2O$$
$$NO_2^- + 1/2O_2 \rightarrow NO_3^-$$

测定时,外部溶液为碱性(pH 为 9~10),NH_3 扩散进入微生物膜,在亚硝化菌作用下氧化为 NO_2^-,在硝化细菌作用下进一步氧化为 NO_3^-。在氧化过程中,硝化菌呼吸耗氧,用氧电极测定氧的变化,从而测定 NH_3 的含量。测定的线性范围是 0.1~42 mg/L,相对误差仅为±4%,整个测定过程在几分钟内完成,电流降低值(初始电流值与稳态电流值之差)与氨浓度之间呈线性关系。对 33 mg/L 氨样品测定,传感器输出电流在长达两周或者 1 500 次以上的测定中几乎不变。对人尿中的氨进行测定,生物传感器法与氨电极法相关系数为 0.9,表明该传感器稳定性和可靠性良好。

②亚硝酸盐传感器。亚硝酸盐生物传感器由固定化硝化细菌和氧电极构成。将带有固定化硝化细菌的多孔性膜贴在氧电极表面的 Teflon 膜上,然后再盖上一层透气膜(0.5 μm 孔径)并用橡胶环固定好即可制成亚硝酸盐传感器探头。硝化细菌利用亚硝酸盐作为唯一能源,呼吸耗氧,通过

测定反应中氧的变化计算 NO_2 的浓度。

测量系统包括：带夹套的流通池（直径 23 mm，高 10 mm，液体体积 1 mL），生物传感器探头置于其中，蠕动泵，放大器和记录仪。

测定时使流通池的温度保持在 (30 ± 0.1)℃，先通入氧饱和的缓冲液（pH 为 2.0），待电极电流达到某一稳态值后，通入样品溶液，在 pH 为 2.0 的条件下亚硝酸离子转变成二氧化氮，然后二氧化氮通过透气膜，在硝化细菌层内二氧化氮又转变成亚硝酸离子。亚硝酸离子作为唯一的能源被硝化细菌氧化，同时耗氧。通过氧电极测出细菌膜附近溶液的溶解氧降低，间接测定亚硝酸盐的浓度。

初始电流与稳态电流之差和亚硝酸盐的浓度（在 59 mmol/L 以下）之间呈线性关系，亚硝酸盐的最低监测浓度为 0.1 mmol/L。用 0.25 mmol/L 的亚硝酸钠溶液测定时，25 次实验的标准偏差是 0.01 mmol/L，相对误差 $\pm4\%$。溶液中含有各种不同的物质并不影响这种生物传感器的测量效果。同一浓度样品，在 21 d 内经 400 次以上重复测定，传感器的电流输出几乎不变。

(2) 致突变物传感器。致突变物传感器是基于致突变物对遗传因子的变异诱发性而被研制开发的，具有迅速、简便、对致突变物和致癌物进行一次性筛选的优点。

致突变物传感器是将枯草杆菌的 DNA 修复损伤突变株（Rec^-）和保持正常修复能力的野生株（Rec^+）分别固定在醋酸纤维素膜上，再将膜覆盖于氧电极表面的聚四氟乙烯膜上制成。

测定时，将传感器插入 0.39/L 浓度的葡萄糖溶液中，即得到稳定的电极电位值。然后将已知致癌物加入溶液中，20~40 min 后，Rec^- 电极电位值徐徐上升。而 Rec^+ 电极电位不变，表明 Rec^- 菌株渐渐死亡，呼吸量减少，Rec^+ 菌株则自行修复了受损的 DNA 而正常生长。电极的电位上升速度与已知致癌物的浓度呈线性关系，利用这种关系，可计算出致突变物的浓度。

致突变物传感器还可进行模拟活化，将氨基蒽和乙酰基芴加入大鼠微粒（S9 混合液），结果 Rec^- 电极的电位值上升，表明这两种化学物质在 S9mix 混合液中均被活化，产生了致癌性，从而使 Rec^- 菌株死亡，代谢终止。

除了枯草杆菌外，国外还研制开发了沙门菌（*salmonella*）、溶源化大肠杆菌等相似功能的生物传感器，利用它们完成致突变物的筛选试验只需几个小时。

(3) 急性毒性发光细菌生物传感器。急性毒性（acute toxicity）是一项最基本的化学物毒效应指标。

细菌与现代光电子技术结合发展起来的发光细菌毒性测试技术亦存在细菌发光强度本底差异较大、幅度较宽、操作繁琐等不足。

急性毒性细菌发光传感器所使用的微生物是明亮发光杆菌,将制备好的菌膜覆盖在硅光二极管采光面上,并用尼龙网夹套固定,构成细菌发光传感器的敏感探头,即细菌发光传感器与蠕动泵、超级恒温器、暗盒式流通池、微光功率计组成一套连续测定系统。

在恒温 20℃条件下蠕动泵以 2 mL/min 流速向暗式流通池通入 pH 值 7.0 的 3% NaCl 底液,细菌发光强度是一恒定值。然后将输液管插入待测样品瓶中,当样品溶液到达流通测量池时,发光强度开始下降,10～15 min 后达到新的动态平衡,两种稳定光电流之差与进入流通池中环境污染物的毒效应大小呈线性关系。

测定结果以固定化菌膜与样品作用后发光强度被抑制 50% 所需的浓度(mg/L)即 IC_{50} 值表示,与传统哺乳动物急性毒性试验 LD_{50} 结果呈高度相关,缩短了测定时间,在快速筛选和鉴定环境污染物急性毒性方面有极好的应用前景。

第8章 微生物新技术在环境科学领域中的应用

微生物新技术以生命科学为基础,利用微生物有机体或其组成部分以及工程技术原理发展新产品或新工艺的一种综合性科学技术体系。它在环境保护领域的应用包括污染物的降解与转化、资源的再生利用、无公害产品的生产开发、环境生态保护等方面。

8.1 固定化技术

固定化微生物技术出现于20世纪60年代后期,其通过采用化学或物理的手段将游离细胞或酶定位于限定的空间区域内,使其成为不悬浮于水且仍保持活性、可反复利用的一种方法。活性污泥法可以看成是包埋固定化生物技术的雏形;到20世纪50~60年代,生物膜法的诞生使固定化生物技术的发展上了一个台阶;而到20世纪70年代末,人工强化的固定化微生物渐渐映入人们的眼帘。

在传统工艺中,微生物以悬浮态生长,易于从反应器中流失,与水的密度差小,难以重复利用。固定化微生物技术已成为各国学者研究的热点课题,并且已有部分研究成果由实验室走向实际应用阶段。

8.1.1 固定化技术概述

固定化技术采用化学或物理手段将游离细胞或酶定位在限定的空间区域内,从而提高微生物细胞的浓度,使其保持活性并可反复利用。固定化细胞或酶的密度高,反应迅速。随着环境污染的日益严重,迫切要求完善高效处理污染系统,于是,国内外开始利用固定化技术(包括固定化酶和固定化细胞)处理工业废水,目前已取得许多重要成果,显示出美好的发展前景。

用不同的载体和不同的操作方法将酶或微生物细胞固定,根据固定化的主要机理,一般分成5类:吸附固定化、包埋固定化、共价固定化、交联固定化、微囊固定化,如图8-1所示。

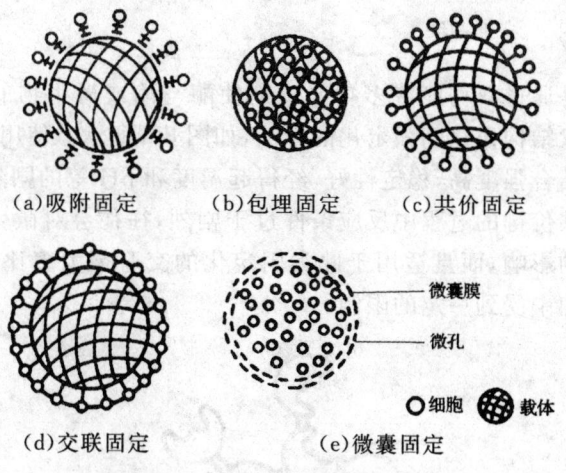

图 8-1 固定化类型的原理示意图

8.1.2 固定化方法

8.1.2.1 载体结合法

载体结合法是根据带电微生物细胞与载体之间的静电、表面张力以及黏附力的作用,将细胞固定在载体表面和内部形成生物膜的方法,如图 8-2 所示。

图 8-2 载体结合法

8.1.2.2 无载体固定化法

无载体固定化法是利用某些微生物具有自絮凝形成颗粒的特性,使微生物产生自固定,成为无载体固定化技术。与各种载体固定化细胞技术相比,这种无载体固定化细胞技术具有方法简单、不使用细胞生长和代谢产物生物合成所需营养物质以外的其他任何化学物质、自絮凝细胞颗粒活性好等优点。在环境工程中的污水处理领域得到广泛的应用。

8.1.2.3 交联法

交联法是通过双功能或多功能试剂使酶与酶或微生物的菌体之间相互连接成网状结构而达到固定化的方法,如图 8-3 所示。使用该方法,微生物细胞间的结合强度高,稳定性好,经得起温度和 pH 等的剧烈变化。但是由于在形成共价键的过程中反应条件过于剧烈,往往会对微生物细胞的活性造成较大的影响,而且适用于此类固定化的交联剂大多比较昂贵,因而其在实际应用中受到一定的限制。

图 8-3 交联法

8.1.2.4 包埋法

包埋法可分为网格型和微囊型 2 种,如图 8-4 所示。将酶或细胞包埋在高分子凝胶细微网格中的称为网格型。将酶或细胞包埋在高分子半透膜中的称为微囊型。包埋法可以应用于很多酶、微生物细胞的固定化,但是在发生化学聚合反应时包埋酶容易失活。

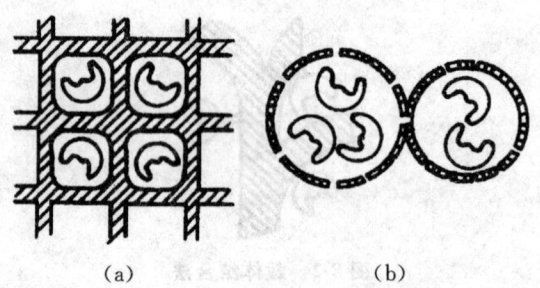

(a)   (b)

图 8-4 网格型和微囊性示意图
(a)网格型;(b)微囊型

8.1.3 固定化技术在环境治理中的应用

8.1.3.1 在废水处理中的应用

废水的组分复杂,而固定化酶技术只限于水解酶类和少数胞内酶的研制和应用,因此要用多种单一的固定化酶组合处理,才能完成某一物质的多步骤反应,使有机物完全无机化和稳定化。

如果废水中含有多种毒物,可沿着废水流动方向,依次按分解毒物成分的顺序将与各种毒物相对应的酶固定在塑料管内壁的不同位置上,从而制成塑料酶管。在此过程中,废水流经酶管,毒物依次被清除,废水得到净化。

就目前而言,若完全用固定化酶处理废水成本昂贵,且固定化酶的机械强度较一般的硬质载体差,会有杂菌污染的问题。鉴于此,在环境工程领域中固定化酶的应用研究很少,而固定化微生物技术的应用研究较多。自20世纪80年代,我国就开始在废水生物处理方面进行固定化微生物处理废水的研究,从好氧活性污泥和厌氧活性污泥中分离、筛选对某一种废水成分分解能力强的微生物,将其制成固定化微生物用于废水处理试验,如含氰废水、含酚废水、印染废水的脱色、洗涤剂废水、淀粉废水及造纸废水等的固定化酶处理,部分废水的处理机理如图8-5所示。

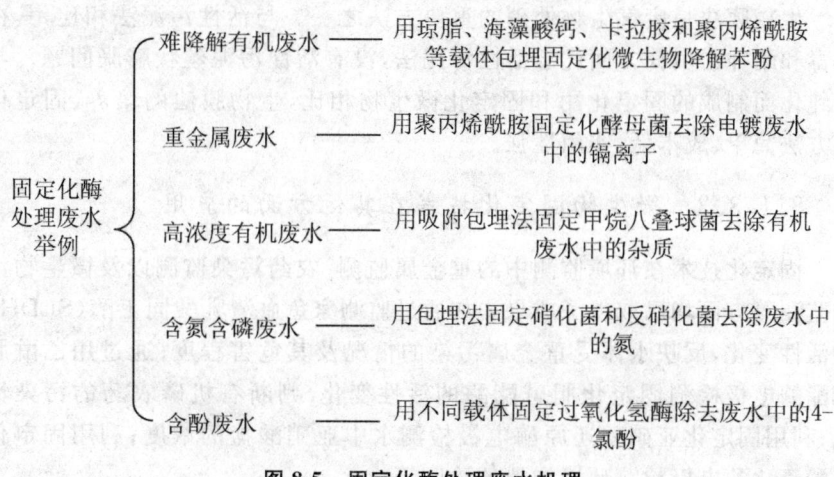

图 8-5　固定化酶处理废水机理

8.1.3.2　在废气处理中的应用

国内在20世纪90年代开始研究固定化技术在废气处理中的应用,该技术不仅对低浓度的废气的处理很有效,脱除率高,能耗低,安装维护费用低,操作简单,无二次污染,且经固定化的微生物对废气负荷、pH、温度等变化的适应能力和对有毒物质的耐受能力大大增强。

利用微生物固定化技术可以处理氨、硫化氢、硫醇、硫醚等恶臭气体,以及含有芳香烃、脂肪烃、苯系物、醇、醛、酮等的有机废气。其实质是利用微生物的代谢作用将废气中的污染物降解,转化为低害或无害的物质。由于微生物在大气中生存较为困难,在实际应用中仍需将污染物转入含有微生物的液相或固相表面进行。

固定化一般以净化装置的填料为载体。常用的净化装置有生物过滤塔、生物吸收塔和生物滴滤塔3种。生物过滤法大多用于无机气态污染物的处理,生物吸收法多用于工厂的废气脱臭;生物滴滤法多用于处理含硫、含氮污染物的废气。

因废气的组分没有废水复杂,而且将废气由气相转化为液相所产生的废水量不大,与量大的废水处理相比,其难度相对较小。

废气处理中的生物膜实质是在各种材料的填料上被固定化的混生微生物群体。这种固定化是固定在载体的表面,而不是被包埋在载体内部。所选用的生物膜载体有鹅卵石、活性炭、陶粒、煤渣、纸质蜂窝、塑料波纹板以及塑料空心球等。固定化方法有自然挂膜、优势菌种挂膜、生物工程菌挂膜和遗传工程菌挂膜。在大量生产中,主要采用自然挂膜和优势菌种挂膜。

生物膜法是废气生物处理的重要方法之一。与活性污泥法相比,其在耐毒和耐冲击负荷方面优于活性污泥法,没有活性污泥丝状膨胀问题。与经纯化而制成的固定化酶和固定化微生物相比,生物膜法的培养、固定化的方法简单、成本低、实用性强。

8.1.3.3 微生物固定化技术在其他方面的应用

固定化技术在环境监测中的重金属监测、农药污染监测以及微生物污染监测等方面均已取得了成果。如通过监测家鱼血清乳酸同工酶(SLDH)的活性变化,反映水体受重金属污染的情况及其危害程度;通过用乙酰胆碱酯酶电极检测固定化胆碱酯酶的活性变化,判断有机磷农药的污染情况;利用固定化亚硝酸还原酶电极检测水中亚硝酸盐的浓度;利用固定化多酚氧化酶电极检测环境中酚的浓度等。

8.2 废物资源化技术

当今人类社会面临人口、粮食、能源、环境污染等危机挑战,粮食生产不足、能源供应短缺是制约人类可持续发展的重要因素。废物是目前唯一不断增长的物质资源,而对废物的资源化开发利用受到普遍关注,采用现代微生物技术对废物资源化开发利用是具有重要意义的研究方向。

人们利用微生物净化处理环境污染物的同时产生有用的产品,既达到了减轻环境污染的目的,又实现了废物资源化,形成良性生态循环,为造福人类做出贡献。利用微生物技术综合利用废物的途径有:直接利用微生物菌体,作为人类及动物的食物或营养品;利用微生物体内的酶,制成酶制剂;应用微生物的代谢产物,如可以利用有机酸、维生素、氨基酸以及抗生素等有机物制备医药化工产品或无机酸等无机物用于细菌冶金;应用微生物开发生物能源,如沼气、醇类、氢气等。

8.2.1 单细胞蛋白

单细胞蛋白也称微生物蛋白、菌体蛋白,是指通过细菌、真菌和某些低等藻类生物的发酵,可以生产高营养价值的单细胞或丝状微生物个体而获得的菌体蛋白。目前生产出的单细胞蛋白既可供人食用,也可用作饲料。

当今人类面临的主要问题之一是人口膨胀,传统农业并不能提供足够的食物来满足人类日益增长的需求,尤其是蛋白质短缺。因此人们在不懈地寻求新的蛋白质资源,研发和应用推广微生物生产单细胞蛋白成为一条重要的途径,日益受到普遍关注。

与传统动植物蛋白生产相比,单细胞蛋白生产有以下优点。

①生产效率高,一些微生物的生产量每隔 0.5~1 h 便增加一倍。

②微生物可在相对小的连续发酵反应器中大量培养,且不受季节气候及耕地的影响和制约。

③微生物中的蛋白质含量极为丰富,而且还含有丰富的维生素和矿物质。

④微生物比动植物更容易进行遗传操作,更适宜于大规模筛选高生长率的个体,实施转基因技术。

⑤微生物培养基来源广泛,可利用工、农业废料做原料,变废为宝。

早在第一次世界大战期间,德国因粮食困难,曾开展了对小球藻、酵母用作粮食资源的研究。其后各国均相继开展此类工作,如苏联以木材水解糖、纸浆废液、酒精废液等作为原料生产单细胞蛋白,年产量可达 150×10^4 t,成为当时世界上最大的单细胞蛋白生产大国,生产的单细胞蛋白来源于全国 70% 的酒精废液。

为了与动植物蛋白相区别,将微生物蛋白称为单细胞蛋白。单细胞蛋白按产生菌和功用的不同,分为细菌蛋白、食用酵母、饲料酵母、真菌蛋白以及药用酵母等;按生产原料不同,分为石油蛋白、甲醇蛋白和甲烷蛋白等。

生产单细胞蛋白的微生物类群极为广泛,包括细菌、真菌、酵母菌、藻类以及某些原生动物。现将可供选择的单细胞蛋白生产微生物的属及种归类如下。

(1) 细菌和放线菌。甲基单胞菌（*Methylomonas*）、氢单胞菌（*Hydrogenomonas*）、短杆菌（*Brevibacterium*）、黄杆菌（*Flavobacterium*）、假单胞菌（*Pseudomonadaceae*）、无色杆菌（*Achromobacter*）、不动杆菌（*Acinetobacter*）、红螺菌（*Rhodospirillaceae*）、纤维单胞菌（*Cellulomonas*）、甲基球菌（*Methylococcus*）、红假单胞菌（*Rhodopseudanonas*）、高温单胞菌（*Thermomonospora*）、高温放线菌（*Thermoactinomyces*）以及诺卡氏菌（*Nocardia*）等。

(2) 酵母菌。汉逊酵母（*Hansenula*）、假丝酵母（*Candida*）、毕赤酵母（*Pichia*）、克勒克酵母（*Kloeckera*）、红酵母（*Rhodotorula*）、球拟酵母（*Torulopsis*）、克鲁弗酵母（*Kluveromyces*）以及德巴利酵母（*Debaryomyces*）等。

(3) 霉菌及其他真菌。青霉（*Penicillium*）、曲霉（*Aspergillus*）、毛霉（*Mucor*）、根霉（*Rhizopus*）、拟内孢霉（*Endomycopsis*）、镰孢霉（*Fusarium*）、毛壳霉（*Chaetomium*）、草菇（*Volvaria volvacea*）、香菇（*Lentinus edodes*）以及木耳（*Aurivularia aurivula*）等。

(4) 藻类。小球藻（*Chiorella*）、衣藻（*Chlamydomonas*）、栅藻（*Scenedesmus*）、卵囊藻（*Oocystis*）和螺旋蓝藻（*Spirulina*）等。

生产单细胞蛋白的微生物应从食品安全性、加工难易、生产率和培养条件等多方面进行选择，尤以食品安全性为重。多年以来，酵母菌一直用于烤制面包、酿酒等领域，故酵母菌是最容易被接受生产单细胞蛋白的微生物。同时，酵母菌在 pH 为 4.5～5.5 的偏酸性环境下能够生长，故其发酵条件不利于其他腐生细菌生长。常用的酵母菌有啤酒酵母和产朊假丝酵母。啤酒酵母只能利用己糖，而产朊假丝酵母能利用戊糖和己糖，在营养贫瘠的培养基中生长得快。另外解脂假丝酵母可以利用烷烃和汽油。

在单细胞蛋白生产的微生物中，需要特别提及的是真菌中的蕈类，即食用菌如草菇、香菇以及平菇等。其早就成为人类的食品，是餐桌上的美味佳肴，主要是在木质纤维素等废物上生长，其作用不仅限于提供蛋白质，还有调味、补身、抗病等功效。

8.2.2 微生物能源

废物经微生物转化可生成新的能源，如甲烷、乙醇和氢气等。

目前很有前途的可再生生物资源是木质纤维，其构成了植物的支持系统，是生物圈中数量最大的废弃物之一。

木质纤维的主要成分是木质素、纤维素、半纤维素，难以被一般微生物分解。木质纤维资源化的关键在于寻找到能高效分解木质纤维的菌种。

研究人员运用基因工程技术已成功地将分解纤维素和半纤维素的基

因组建到新的菌种中用于乙醇发酵；同时，我国利用细胞融合技术培育出了既能利用木糖又能利用纤维二糖生产乙醇的菌种，这对纤维素再生自然资源的开发和利用，进而减少环境污染，具有重要的理论意义和应用价值。

8.2.3 细菌冶金

各种金属矿山在开采过程中，总会有少部分矿石残留在矿床中。通过回收利用废弃尾矿中的有用金属和稀有金属，对于国防民用均有重要意义。

细菌冶金是近代湿法冶金工业上的新工艺，其主要应用细菌溶浸贫矿、废矿、尾矿和炉渣等，以回收各种贵重有色金属和稀有金属，从而达到防止矿产资源流失，最大限度地利用矿藏以及综合利用的目的。

细菌冶金技术具有工艺条件易控制、要求简单、成本低廉等优点。早在 20 世纪 60 年代，世界每年利用细菌法溶浸得到的铜量就占整个采铜量的 20%。加拿大、印度等国广泛应用细菌法溶浸铀矿，此法可从其他方法不能利用的低品位铀矿石中回收铀。用细菌法浸溶镍矿石 5~15 d，可浸出镍 80%~96%，而采用无菌的浸提法，镍的浸得率仅为 9.5%~12%。

8.3 PCR 技术

聚合酶链反应技术(PCR)是体外酶促合成特异性 DNA 片段扩增的一种非常快速而简便的方法，具有极高的灵敏度和特异性，且操作简单、省时。理论上 100 mL 水样中只要有一个细菌时即能被测出，且检测时间短，几小时内即可完成。

PCR 技术可以检测环境标本中那些不能进行人工培养的微生物。环境中存在大量的微生物，其中仅有不到 1% 可以通过传统的培养方法在培养皿上进行培养和进一步分离，而绝大多数微生物需要非常严格的营养条件，更甚者难以培养。对于微量或常规方法无法检测出来的 DNA 分子通过 PCR 扩增后，可以采用适当的方法予以检测，从而弥补 DNA 分子直接杂交技术的不足。

8.3.1 PCR 技术基本原理

聚合酶链反应技术过程的实质是在适当条件下进行 PCR 循环的多次重复，即热变性—复性—延伸。

聚合酶链反应由高温变性、低温退火复性及适温延伸等组成一个周期并循环进行，从而使得目的 DNA 得以扩增，其基本原理如图 8-6 所示。

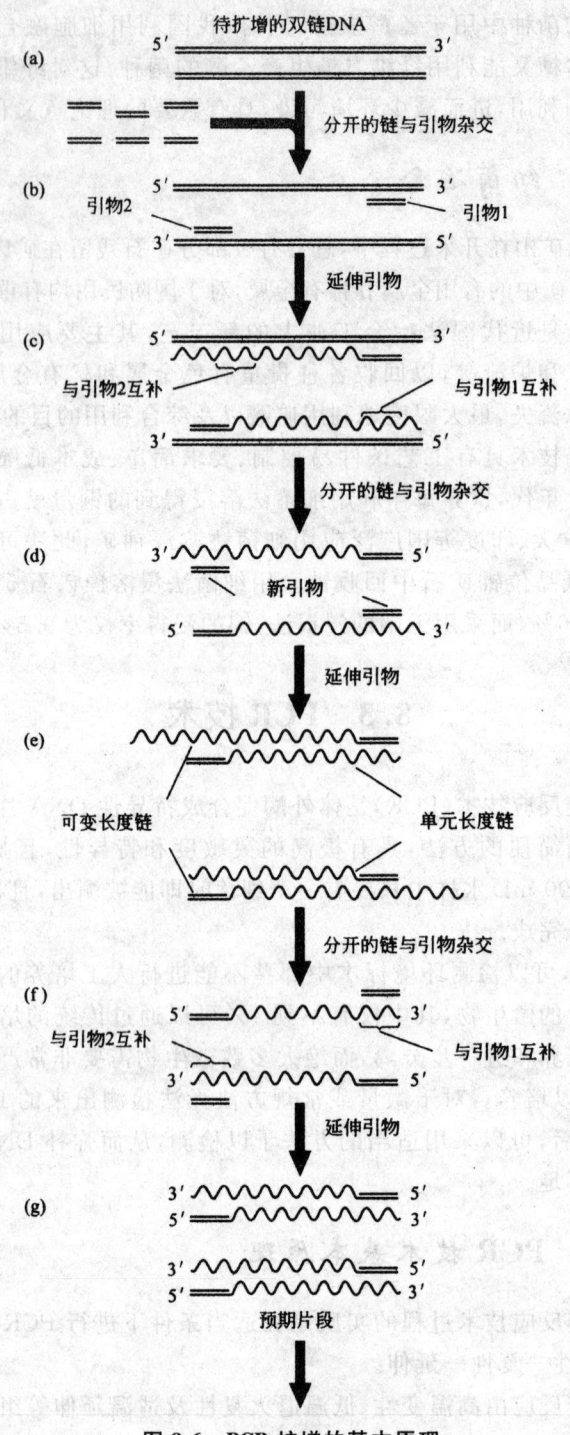

图 8-6 PCR 扩增的基本原理

首次 PCR 中延伸的产物进入第二次循环变性后与引物互补,充当引导 DNA 合成的新模板。因此,在第二轮循环后,模板由首轮循环后得到的 4 条增为 8 条,以此类推,以后每一循环后的模板均比前一循环增加 1 倍。从理论上讲,扩增 DNA 产量可呈指数上升,即 n 个循环后,产量为 2^n 拷贝。

8.3.2 PCR 技术的试剂

PCR 反应体系中的成分及含量见表 8-1。

表 8-1 PCR 反应体系中的成分及含量

成分	含量
10×扩增缓冲液	10 μL
4 种 dNTP 混合物(终浓度)	各 100~250 μmol/L
引物(终浓度)	各 5~20 μmol/L
模板 DNA	0.1~2 μg
Taq DNA 聚合酶	5~10 U
Mg^{2+}(终浓度)	1~3 mmol/L
总体积	100 μL

(1)引物。引物是指 DNA 聚合酶启动 DNA 合成时所必需的寡核苷酸片段。PCR 引物至少应有 16 个核苷酸,最好为 20~24 个核苷酸;此外,引物中的碱基应随机分布,避免出现单一碱基的重复序列或产生二级结构的区域,引物中(G+C)碱基含量约为 45%~55%。

引物 3′端对 Taq DNA 聚合酶的延伸效率影响很大,一般在引物 3′端最好选 T。设计简并性引物时,3′端的简并性应尽量小。上游引物和下游引物的 3′端之间应避免出现互补序列,以免在扩增产物中出现引物二聚体。如无法避免这种互补序列,应通过预备实验适当调节 Mg^{2+} 浓度,以获得较多的目的产物。

使用引物进行扩增反应时,一般引物浓度为 1.0 μmol/L,以确保可以进行 30 轮以上的扩增反应。引物浓度过高会在异位引导合成,从而扩增那些不需要的序列。相反,引物浓度不足,则聚合反应的效率较低。根据实际需要,添加的上游引物与下游引物的摩尔浓度可以相等,也可以不等。

(2)Taq DNA 聚合酶。Taq DNA 聚合酶的功能是催化 DNA 的合成。各厂家生产的 Taq DNA 聚合酶活性有所不同,应参照厂家的推荐意见确定使用剂量。一般在 100 μL 反应体系中加入 1.5～2.5 单位 Taq DNA 聚合酶,足以进行 30 轮扩增反应。

Taq DNA 聚合酶的一个致命弱点是它的出错率较高,约为 2×10^{-4} 核苷酸/每轮循环。Taq DNA 聚合酶往往会在 DNA 链的 3′末端加上非模板互补核苷酸,从而产生不易克隆的 PCR 产物。用其他 DNA 聚合酶(如 T_4 DNA 聚合酶)处理扩增产物,补平或去除突出末端可解决这一问题。

(3)反应缓冲液。PCR 反应通常放在缓冲液中进行。缓冲液的组成为:10～50 mmol/L 室温下 pH=8.0 的 Tris·HCl,50 mmol/L KCl 和 1.5 mmol/L $MgCl_2$。在聚合反应温度为 72℃的条件下,该缓冲液 pH 为 7.2。KCl 浓度过高会抑制 Taq DNA 聚合酶的活性。适当的 Mg^{2+} 浓度也很重要,它可影响引物退火的程度、模板 DNA 链与产物 DNA 链的解离温度、产物的特异性、引物二聚体的形成以及聚合酶的活性和精确性等等。

由于 EDTA 或磷酸盐影响 Mg^{2+} 浓度,因此应注意模板 DNA 溶液中的 EDTA 浓度和 PCR 反应中所加的 dNTP 浓度。

(4)模板 DNA。PCR 反应体系中的模板 DNA,既可以是单链 DNA 也可以是双链 DNA;既可以是线性 DNA 也可以是环状 DNA。通常线性 DNA 略优于环状 DNA。模板 DNA 的数量过多会降低扩增效率,增加非特异性产物。模板 DNA 的纯度,即目的序列所占的比例越高,非特异性产物越少。DNA 制品中的杂质,如尿素、SDS、甲酰胺、乙酸钠,以及从琼脂糖凝胶中带来的杂质也会影响 PCR 的效率。

(5)其他成分。在 PCR 反应体系中还应加入矿物油,以防反应过程中受热蒸发而产生问题。

8.3.3 PCR 技术的应用

8.3.3.1 应用 PCR 技术检测致病菌

在土壤、水体和大气环境中都存在致病菌和病毒,它们的传播对人类健康产生很多不利的影响,一些流行性疾病的发生大多与致病菌和病毒有关,因此采取必要的预防措施,对于保护人体健康具有实际意义。

单核细胞增生利斯特氏菌是一种引起人类脑膜炎的致病菌,,对人类健康的威胁很大。1992 年,Niederhauser 等人通过对这个病菌中 $hlyA$ 和 iap 基因的扩增,检测时间只需几个小时。他们用这种方法检测了 100 个样品,结果证明,阳性检出率与经典培养法相同或更高。

8.3.3.2 应用 PCR 技术检测基因工程菌

通过遗传工程,科技工作者改造或构建了许多基因工程菌。无论是考察基因工程菌的效能,还是考察基因工程菌对人类和生态的安全性,均需检测基因工程菌的动态。应用 PCR 技术检测已知基因组结构和功能的基因工程菌,简便而快捷。

8.4 基因工程技术

基因工程又叫基因拼接技术或 DNA 重组技术。该技术是将所需的某一种或多种供体生物的遗传物质(DNA)提取出来,在离体条件下用适当的工具酶切割后,与作为载体的 DNA 分子连接,然后导入受体细胞,使之进行正常的复制和表达,从而获得人类所需要的新物种。这是一种应用前景宽广、正在迅速发展的定向培育新技术。

基因工程的基本操作包括基因分离、体外重组、载体传递、复制、表达及筛选、繁殖等。质粒转移、基因重组和原生质融合等是目前研究最多的基因工程菌获取手段。

20 世纪 70 年代以来,许多具有特殊降解能力的细菌被发现,这些细菌的降解能力由质粒控制。到目前为止,已发现自然界所含的降解性质粒多达 30 余种,主要有 4 种类型:抗重金属离子的降解质粒;假单胞菌属中的石油降解质粒;农药降解质粒;工业污染物降解质粒。利用这些降解质粒已研究出多种降解难降解化合物的工程菌。

基因工程技术在重金属废水治理中的作用,主要体现在提高微生物菌体细胞对重金属离子的富集容量以及提高菌体对特定重金属离子的选择性两个方面。

印染废水色度大,COD 高,可生化性差,大多具有潜在毒性,是公认的难治理有机废水,使用化学混凝、活性炭吸附、臭氧氧化等方法处理费用较大,效果差,且易引起二次污染。但用基因工程菌和活性污泥接种处理染料废水却有着较高的处理效率,且运行稳定。

有一种能同时降解 4 种烃类的"超级菌",在消除石油污染中,不仅能把原油中 2/3 的烃降解,而且只在几小时内就可达到自然菌种要用一年多时间才能达到的净化效果。

基因工程菌在环境工程中的应用远不止上面介绍的几类。有资料显示,目前人们研究出了大量的"超级菌",且正在向实际应用进行转化,如降解卤代芳烃基因工程菌、分解尼龙寡聚物基因工程菌、分解多糖基因工程菌、除草剂降解基因工程菌等的成功构建。随着分子遗传学的进一步发展,基因工程菌必将对生物净化污水起到变革性作用。

8.5 微生物絮凝剂

絮凝剂可以使不易沉降的颗粒物沉降下来,它是一种安全、可降解并对人体健康和环境无危害的新型水处理絮凝剂,并因此成为当今世界絮凝剂研究的重要课题。微生物絮凝剂的研究开始于 1876 年法国 Louis Pasteur 在酵母菌 *Levurecasseeuse* 中发现微生物的絮凝作用。在 20 世纪 70～80 年代,微生物絮剂的研究得到了快速发展。

8.5.1 微生物絮凝剂的概述

8.5.1.1 微生物絮凝剂的概念

微生物絮凝剂是由微生物产生的有絮凝活性的次生代谢产物,通过细菌、放线菌以及真菌等微生物的发酵培养、浸取、精制而得到的含有蛋白质和多聚糖类生物聚合体的微生物制剂。

微生物絮凝剂的主要成分为糖蛋白、黏多糖、蛋白质、纤维素、DNA 等高分子化合物,相对分子质量在 10^5 以上,它具有桥联、凝聚、沉淀水溶液中的固体悬浮颗粒、菌体细胞及胶体粒子的作用。

8.5.1.2 微生物絮凝剂产生菌

目前已报道的可产生絮凝性物质的微生物有很多,包括细菌、霉菌、放线菌、酵母菌等。至今发现的具有絮凝性的微生物多达 32 个种,它们广泛分布于各种土壤、污水中,其中细菌 18 种,分别为粪产碱菌属(*Alcaligenes faecalis*)、协腹产碱杆菌(*Alcaligenes latus*)、渴望德莱菌(*Alcaligenes cupidus*)、芽孢杆菌属(*Bacillus sp.*)、棒状杆菌(*Corynebacterium brevicale*)、暗色孢属(*Dematium sp.*)、草分枝杆菌属(*Mycobacterium phlei*)、红平红球菌(*R. erythropolis*)、铜绿假单胞菌属(*Pseudomonas aeruginsa*)、荧光假单胞菌属(*Pseudomonas fluorescens*)、粪便假单胞菌属(*Pseudomonas faecalic*)、发酵乳杆菌(*Lactobacillus fermentum*)、嗜虫短杆菌(*Brevibacterium insectiphilum*)、金黄色葡萄球菌(*Staphylococcus au-*

reus)、土壤杆菌属(*Agrobacterium sp.*)、环圈项圈蓝细菌(*Acinetobacter sp.*)、厄氏菌属(*Oerskwvia sp.*)和不动细胞属(*Acinetobacter sp.*)。真菌9种,分别为酱油曲霉(*Aspergillus sojae*)、棕曲霉(*Aspergillus ochraceus*)、寄生曲霉(*Aspergillus parasiticus*)、赤红曲霉(*Monacus anka*)、拟青霉属(*Paecilomyces sp.*)、棕腐真菌(*Btown rot fungi*)、白腐真菌(*White rot fungi*)、白地霉(*Georrichum candidum*)和栗酒裂殖酵母(*Schizosaccharomyces pombe*)。放线菌5种,分别为椿象虫诺卡菌(*Nocardia restriea*)、红平诺卡菌(*Nocardia rhodnii*)、石灰壤诺卡菌(*Nocardia calcarca*)、灰色链霉菌(*Streptomyces griseus*)和酒红链霉菌(*Streptomyces vinaceus*)。表8-2列出了较常见的絮凝剂产生菌。

表8-2 较常见的絮凝剂产生菌

菌种类别	菌种名称
革兰阳性菌	*R. erythropolis*(红平红球菌)
	Nocardia restriea(椿象虫诺卡菌)
	Nocardia rhodnii(红平诺卡菌)
	Nocardia calcarca(石灰壤诺卡菌)
	Corynebacterium brevicale(棒状杆菌)
革兰阴性菌	*Alcaligenes latus*(协腹产碱杆菌)
	Alcaligenes cupidus(渴望德莱菌)
真菌	*Aspergillus sojae*(酱油曲霉)
	Paecilomyces sp.(拟青霉属)
	White rot fungi(白腐真菌)
其他	*Agrobacterium* sp.(土壤杆菌属)
	Oerskwvia sp.(厄氏菌属)
	Pseudomonas sp.(假单胞菌属)
	Acinetobacter sp.(不动细胞属)
	Dematium sp.(暗色孢属)

8.5.1.3 微生物絮凝剂的化学成分及结构

生物絮凝剂属于结构复杂的高分子物质,按其化学组成分类,主要包括蛋白质、多糖、脂类和DNA类等大分子物质,现将一些研究较为深入的絮凝剂的结构组成、相对分子质量、结构属性归纳于表8-3。

表8-3 微生物絮凝剂组成、相对分子质量、结构属性

絮凝剂产生菌的名称	絮凝剂名称	组成	相对分子质量	结构属性
Rhodococcus erythropo	NOC-1	多肽、脂质	—	蛋白类
Pacecilomyces sp. I-1	PF-101	85%半乳糖胺、23%乙酰基、5.7%甲酰基、氮化半乳糖胺	3×10^5	黏多糖类
Aspergillus sojue	AJ70022	0.9%的半乳糖、0.3%葡糖胺、35.3%2-酮葡糖酸、27.5%蛋白质	$>2\times10^5$	蛋白质、己糖、2-葡糖、酮酸的聚合物
Nocardia anerueukl	Fix	主要组成为多肽,含25.6%甘氨酸、13.8%丙氨酸、12.3%丝氨酸	—	蛋白质类
Alcaligenes cupids KT201	AL-201	4.25%糖、36.38%半乳糖、8.52%的葡糖醛酸、10.3%的乙酸	$>2\times10^6$	多聚糖类
Aspergillus parasiticus	AHU 7165	半乳糖胺、55%~65%的氮未取代的半乳糖胺残基	3×10^5~1×10^6	多糖类
R-3mixed microbes	APR-3	葡糖、半乳糖、琥珀酸、丙酮酸物质的量比为5.6:1:0.6:2.5	$>2\times10^6$	酸性多糖
Anabenopsis cicularie 1	Pcc6720	丙酮酸、蛋白质、脂肪酸	—	杂多糖类
Arcuadendron sp. TS-49	—	定性分析表明含有氨基乙糖、糖醛酸、中性糖、蛋白质	—	杂多糖类
Sporolactobacillus sp.				核蛋白
Aeromonas sp.				糖蛋白
Anabaena sp. PC-1	—	中性糖、糖醛酸、蛋白质	—	多聚糖蛋白

续表

絮凝剂产生菌的名称	絮凝剂名称	组成	相对分子质量	结构属性
Pseudomnas sp. A-99	—	酸性蛋白、少量半乳糖醛酸、葡萄糖、半乳糖	—	酸性糖蛋白
Enterobacter sp. BY-29	—	半乳糖醛酸、葡萄糖、半乳糖、戊醛糖	$2.5×10^6$	酸性多聚糖
Klebsiella pneumomae H12	—	56.04%半乳糖、25.92%葡萄糖、10.92%半乳糖醛酸、3,71%甘露糖、3.37%葡萄糖醛酸	—	多聚糖
Klebsiella sp. S11	—	半乳糖：葡萄糖：甘露糖=5：2：1(物质的量比)	$>2×10^6$	酸性多聚糖
Pestalotiopsis sp. KCTC8637	Pestan	葡萄糖：葡(萄)糖胺：葡萄糖醛酸：鼠李糖=100：3.5：1.6：1.3(物质的量比)	—	多聚糖
Xanthomonas 1	—	黄原胶	—	—

8.5.2 微生物絮凝剂的生产

微生物絮凝剂的生产涉及微生物的生理、遗传特性,即培养条件的优化以及絮凝剂的分离提取两方面。

8.5.2.1 微生物产生菌的培养条件

微生物产生菌的培养条件主要包括:发酵培养基的组成、初始 pH、温度、溶解氧以及培养时间等。

(1)发酵培养基的组成。通常要针对某一菌种设定主成分和生理调节成分,如培养红平红球菌的主成分是葡萄糖(20 g/L)和酵母膏(0.5 g/L),生理调节成分是酵母膏。

①碳源。对微生物絮凝剂合成条件的研究表明,絮凝剂的合成与碳源有较大关系。一些霉菌利用淀粉作为碳源则有利于絮凝剂的积累,甚至超

过葡萄糖和果糖。

利用纤维素分解菌降解纤维素后的发酵也可进行二次发酵,生产复合微生物絮凝剂,富含纤维素的农业废弃物作为最初的碳源,一方面降低了成本,另一方面这些原材料未完全降解的部分具有高分子长链结构,也有促进絮凝的作用。

②生长因子。培养液中生长因子对絮凝活性的影响主要表现在两个方面:一是影响絮凝基因的表达调节;二是对产生的絮凝剂进行化学修饰。在培养液中加入微量酪蛋白、酵母膏、丙氨酸和谷氨酸等就可以促进絮凝剂的积累。

③二价离子的影响。微生物絮凝剂的产生受培养液中二价离子的影响也较大。其中钙、镁、锰和铁的二价离子影响最大。锰离子和钙离子有利于菌丝生长和絮凝剂的分泌,但亚铁离子和镁离子对絮凝剂的合成不利。

(2)培养温度。培养温度在 25～30℃,大多数产絮凝剂的菌都能生长。但是,具体某一菌种的最佳生长温度仍有不同,如 *R. erythropolis* 在 30℃ 时絮凝剂的产量要高于在 25℃ 和 37℃ 时的产量。

(3)初始 pH。合适的 pH 会使菌株的生长速度大大加快,缩短其培养周期,同时也会提高絮凝活性。一般培养液的初始 pH 设定在 6.0～9.0,过酸或过碱均不利于絮凝剂的产生。但是,不同的菌种最佳 pH 是有差别的,如 *R. erythropolis* 在 pH 为 8.0～9.5 时,分泌的絮凝剂比在其他 pH 时产率高。

8.5.2.2 微生物絮凝剂的分离和提取

微生物絮凝剂活性成分主要存在于培养液和菌体细胞表面,化学成分主要是多糖和蛋白质以及一些金属离子,所以,絮凝剂的分离、提取方法一般与多糖和蛋白质的分离提取方法大致相同。一般分为 3 步进行:首先,以离心方法除去菌体,向菌体发酵液中加入乙醇、丙酮或硫酸铵等使絮凝剂沉淀析出,制得絮凝剂粗品;其次,将絮凝剂粗品溶解于缓冲液中,通过离子交换、凝胶吸附、过滤等方法进一步纯化;最后,再经真空干燥,即得絮凝剂纯品。

8.5.3 微生物絮凝剂的应用

微生物絮凝剂的应用范围比较广泛,可以应用于各种水处理中,还可以应用在加工业方面。

第 8 章　微生物新技术在环境科学领域中的应用

食品产业及餐饮业废水中往往含有大量可回收再利用成分,由于微生物絮凝剂具有无毒、无二次污染等优点,可达到以废治废、变废为宝的效果。

微生物絮凝剂对废水中的悬浮颗粒也有相当好的去除效果,可用于河流、高岭土、泥水浆、粉煤灰、焦化废水等水样的处理。

很多絮凝剂产生菌都具有吸附重金属离子的能力。比如蜡状芽孢杆菌(*Bacillus*)就可以将黄金、白钨矿以及其他矿物质等这些富含重金属类化合物进行吸附,大大提高了开采效率,减少损失和污染。

微生物絮凝剂处理有色废水时,废水的脱色率高达 90% 以上,达到非常理想的状态,不管是速度还是效率都远远高于传统的化学絮凝剂。

世界各国都已经开始使用微生物絮凝剂用于水质的净化。生物净水剂 PX 用于城市污水的脱臭能起到很好的效果。

微生物絮凝剂能有效地清除污泥膨胀,改善其沉降性能,可用于进行污泥的脱水处理。

由于许多发酵液常呈胶体状态,给过滤带来困难,若采用絮凝技术与其他常规方法配合,可有效地使生物细胞和发酵产物从发酵液中分离出来。

从天然橡胶乳液离心排出物中分离出 *A. cinetobacter* sp.,其分泌物可有效地将脱脂橡胶从脱脂乳中凝结出来。

微生物絮凝剂还可对城市污水,医院废水,乳化液分离,畜产、屠宰废水,染料废水等进行脱色处理。

参考文献

[1] 王国惠. 环境工程微生物学[M]. 北京:科学出版社,2017.

[2] 徐威. 环境微生物学[M]. 北京:中国建材工业出版社,2017.

[3] 周群英,王士芬. 环境工程微生物学[M]. 4版. 北京:高等教育出版社,2015.

[4] 赵晓祥,张小凡. 环境微生物技术[M]. 北京:化学工业出版社,2015.

[5] 林海. 环境工程微生物学[M]. 2版. 北京:冶金工业出版社,2014.

[6] 张小凡. 环境微生物学[M]. 上海:上海交通大学出版社,2013.

[7] 郑平. 环境微生物学[M]. 2版. 浙江:浙江大学出版社,2012.

[8] 陈剑虹,胡肖容,徐海娟. 环境微生物学[M]. 武汉:武汉理工大学出版社,2015.

[9] 乐毅全,王士芬. 环境微生物学[M]. 2版. 北京:化学工业出版社,2011.

[10] 任何军,张婷娣. 环境微生物学[M]. 北京:清华大学工业出版社,2015.

[11] 陈剑虹. 环境工程微生物学[M]. 2版. 武汉:武汉理工大学出版社,2010.

[12] 钟飞. 环境工程微生物技术[M]. 北京:中国劳动与社会保障出版社,2010.

[13] 周凤霞,白京生. 环境微生物[M]. 2版. 北京:化学工业出版社,2008.

[14] 周凤霞,白京生. 环境微生物[M]. 3版. 北京:化学工业出版社,2015.

[15] 王有志. 环境微生物技术[M]. 广州:华南理工大学出版社,2008.

[16] 刘海春,臧玉红. 环境微生物[M]. 北京:高等教育出版社,2008.

[17] 苏锡南. 环境微生物学[M]. 2版. 北京:中国环境科学出版社,2015.

[18] 王兰. 现代环境微生物学[M]. 北京:化学工业出版社,2006.

[19] 和文祥,洪坚平. 环境微生物学[M]. 北京:中国农业大学出版社,2007.

[20] 曲向荣. 环境工程微生物学[M]. 北京:化学工业出版社,2011.

[21] 常学秀,张汉波,袁嘉丽. 环境污染微生物学[M]. 北京:高等教育出版社,2006.

[22] 苏俊峰,王文东. 环境微生物学[M]. 北京:中国建筑工业出版社,2013.

[23] 王家玲. 环境微生物学[M]. 北京:高等教育出版社,2004.

[24] 张文治. 微生物学[M]. 北京:高等教育出版社,2005.

[25] 袁林江. 环境工程微生物学[M]. 4版. 北京:化学工业出版社,2011.

[26] 韩伟. 环境工程微生物学[M]. 哈尔滨:哈尔滨工业大学出版社,2010.

[27] 任南琪,李建政. 环境污染防治中的生物技术[M]. 北京:化学工业出版社,2004.

[28] 马溪平,徐成斌,付保荣. 厌氧微生物学与污水处理[M]. 2版. 北京:化学工业出版社,2017.

[29] 刘晓烨. 环境工程微生物学研究技术与方法[M]. 哈尔滨:哈尔滨工业大学出版社,2011.

[30] Tom Schmidt,Moselio Schaechter. 生态及微生物学(导读版)[M]. 北京:科学出版社,2012.

[31] 杨文博,李明春. 微生物学[M]. 北京:高等教育出版社,2010.

[32] 赵开弘. 环境微生物学[M]. 武汉:华中科技大学出版社,2009.

[33] 彭党聪. 水污染控制工程[M]. 北京:冶金工业出版社,2009.

[34] 林海龙. 厌氧环境微生物学[M]. 哈尔滨:哈尔滨工业大学出版社,2014.

[35] 李永峰. 环境生物技术:典型厌氧环境微生物过程[M]. 哈尔滨:哈尔滨工业大学出版社,2014.

[36] 沈萍. 微生物学[M]. 北京:高等教育出版社,2001.

[37] 刘志恒. 现代微生物学[M]. 北京:科学出版社,2002.

[38] 蒋辉. 环境工程技术[M]. 北京:化学工业出版社,2003.

[39] 王连生. 环境健康化学[M]. 北京:高等教育出版社,2003.

[40] 杨柳燕,肖琳. 环境生物技术[M]. 北京:科学出版社,2003.

[41] 高廷耀,顾国维. 水污染控制工程[M]. 北京:高等教育出版社,2000.

[42] 沈德忠. 污染环境的生物修复[M]. 北京:化学工业出版社,2002.

[43] 苏锡男. 环境微生物学[M]. 北京:中国环境科学出版社,2006.

[44] 周少奇. 环境微生物技术[M]. 北京:科学出版社,2003.

[45] 高琨. 固定化微生物处理有色金属矿山酸性水中重金属铜离子的研究[D]. 北京:北京科技大学,2012.

[46]李彩,李仕鹏.如何运用环境微生物技术整治水污染[J].中国科技博览,2012(29):467—467.

[47]景佳佳,邵承斌.环境微生物技术在污染治理中的应用[J].科技创新导报,2011(14):132—132.

[48]王有志,王凤君,鲍利.光合细菌处理中药废水的试验研究[J].东北农业大学学报,2005,36(5):579—583.

[49]赵春海,张法琴,唐旭日.微生物产氢的研究[J].生命科学仪器,2007,5(4):35—36.

[50]吴昊,孟菊英,初丹.微生物技术在环境监测中的应用[J].辽宁经济职业技术学院·辽宁经济管理干部学院学报,2007,35(3):71—72.

[51]饶应福,夏四清,姜剑.固定化微生物技术在环境治理中的[J].能源环境保护,2005,19(2):24—26.

[52]栾玉静.单细胞蛋白的开发利用[J].饲料博览,2004(2):46—47.